U0181248

Best Wishes for the Future!

Connie Justice

设计的未来

面向复杂世界的产品创新

The Future of Design:
Global Product Innovation for a Complex World

[美]洛蕾恩·贾斯蒂丝　著
(Lorraine Justice)

姜朝骁　译

浙江人民出版社

图书在版编目（CIP）数据

设计的未来：面向复杂世界的产品创新 /（美）洛蕾恩·
贾斯蒂丝著；姜朝骁译 . — 杭州：浙江人民出版社，
2022.8

ISBN 978-7-213-10206-6

Ⅰ . ①设… Ⅱ . ①洛… ②姜… Ⅲ . ①产品设计—研
究 Ⅳ . ①TB472

中国版本图书馆CIP数据核字(2021)第130928号

浙江省版权局
著作权合同登记章
图字：11-2019-393 号

设计的未来：面向复杂世界的产品创新

[美] 洛蕾恩·贾斯蒂丝 著 姜朝骁 译

出版发行：浙江人民出版社（杭州市体育场路 347 号 邮编：310006）
市场部电话：（0571）85061682 85176516

责任编辑：潘海林

特约编辑：楼安娜

营销编辑：陈雯怡 赵 娜 陈芊如

责任校对：王欢燕

责任印务：刘彭年

封面设计：周子涵

电脑制版：北京弘文励志文化传播有限公司

印 刷：北京阳光印易科技有限公司

开 本：787 毫米 ×1020 毫米 1/16 印 张：12

字 数：135 千字 插 页：2

版 次：2022 年 8 月第 1 版 印 次：2022 年 8 月第 1 次印刷

书 号：ISBN 978-7-213-10206-6

定 价：68.00 元

谨以此书献给史蒂文、亚历克萨和瑞安

赞　誉

《设计的未来》提出了极富见地的对策，阐述设计应如何变革以解决全球化企业和设计团队所面临的诸多问题。

——唐纳德·诺曼，《设计心理学》作者

本书是一部面世于关键时期的重要著作。

——布鲁斯·努斯鲍姆，纽约新当代艺术博物馆常驻导师，
美国著名商业杂志《商业周刊》前主编

我们需要从木头和金属构成的物质世界，转向由计算机代码构筑的设计体验，对于已经认识到这一点的人们来说，《设计的未来》可谓是必读之书。

——前田·约翰，Automattic 计算设计与包容性设计全球负责人

《设计的未来》对专业设计领域作了提纲挈领的概述。对想要从事该领域工作的人们，或想要驾驭和依仗优秀设计的企业家来说，本书是价值无可估量的宝库。

——卡罗尔·比尔森，国际设计管理协会（DMI）会长

洛蕾恩·贾斯蒂丝为设计师和想要了解设计是什么、能做什么的人提供了一份指南。作为教育者、战略家和研究者，她具有丰富的经验，能够回答"为谁设计""设计什么"和"为何设计"的问题。

——克雷格·沃格尔，美国工业设计师协会会士，英国皇家艺术学会协会会员，
美国辛辛那提大学设计、建筑、艺术和规划学院（DAAP学院）副院长

对设计师、设计领域的学生、商业界、企业高管、产品经理和团队合作者来说，《设计的未来》可谓是一场及时雨。

——王敏，中国中央美术学院教授

《设计的未来》对设计在生产、社会、技术和市场中扮演的角色进行的探索具有权威性和启发性。

——洛伦佐·伊姆贝西，设计学正教授，罗马大学设计研究中心主席

本书是对设计领域的重大贡献。

——拉玛·盖拉沃，伦敦皇家艺术学院海伦哈姆林设计中心负责人

在这个互联互通的数字时代，洛蕾恩·贾斯蒂丝对"设计的未来"进行了崭新的诠释。书中的叙述架构，则为设计从业者、管理者和研究者树立了个性化框架。

——姜永琪，同济大学设计创意学院教授、院长，《设计、经济与创新学报》执行主编

由于科技的迅猛发展与新的生活观念的不断涌现，许多新兴力量正影响着我们的设计。对此，《设计的未来》从全球化的视野给出了真知灼见。商业领袖和普罗大众都需要理解书中关于设计的重要阐述，这样才能让设计帮助我们寻找富于创意、合乎道德的解决方案，应对当今这个充满复杂问题的世界。

——辛向阳，同济大学设计创意学院长聘特聘教授、博士生导师
XXY Innovation 设计思维与战略咨询创始人

推荐序一
Foreword One

辛向阳

2021年夏天，我接到浙江人民出版社楼安娜编辑邀约，为洛蕾恩·贾斯蒂丝教授的新作《设计的未来：面向复杂世界的产品创新》作序，甚感荣幸和兴奋。首先，贾斯蒂丝教授于我有知遇之恩，她任香港理工大学设计学院院长时曾邀请我就职于香港理工大学，并创建交互设计硕士研究生课程。此外，2012 年，我也有幸为她的第一本专著《中国的设计革命》（*China's Design Revolution*）作序，该书由麻省理工大学出版社出版。

贾斯蒂丝教授出生在美国匹兹堡一个意大利西西里移民家庭，年轻的时候为了完成学业，曾在钢铁厂勤工俭学。作为全美设计领域最早的一批博士研究生，她先后出任乔治理工大学工业设计学院、香港理工大学设计学院和罗切斯特理工大学影像艺术与科学学院院长，也曾担任美国工业设计师协会、世界设计组织、世界设计研究会联合会等行业组织的重要职务。作为世界著名的女性设计领导者之一，贾斯蒂丝教授对设计教育影响至深，并长期致力于推动教育和产业的结合。《设计的未来：面向复杂世界的产品创新》的问世既是她几十年教育和研究成果的积累，也是其个人成长和职业生涯多维度跨文化背景的反映。

纵观全著，全球性、文化、社会价值、技术等关键词渗透到全书各个章节，这也正是面向复杂世界的产品创新必须理解的时代和产业背景。不论地缘政治如何变化，不管产品针对的是哪一个细分市场，我们都应该意识到未来的世界是一个不同地域、不同文化、不同年龄，乃至不同物种的所有生命的命运共同体。每一个产品概念的诞生、每一件产品的生产、每一种消费选择，都可能是蝴蝶效应里第一对扇动的翅膀，传递着企业的价值主张，影响着产品生命周期的每一个环节，也酝酿着新的消费文化和社会趋势。著作第一章《全球产品的成功要素》、第二章《决定产品成败的因素》和第四章《优秀产品设计的属性》都充分体现了贾斯蒂丝教授对全球性、文化和社会价值等话题的关注。在探讨社会价值和全球文化语境的同时，贾斯蒂丝教授不遗余力地阐述了技术革新，尤其是人工智能和大数据等前沿科技对设计的影响。一方面技术为设计研究、设计决策、概念表达和功能实现提供了很多新的可能性，但同时也要求设计师从人本主义、社会或环境等立场出发，保证技术的运用能够创造积极、正向的价值。当然了，技术对设计的影响也包括人工智能技术对设计师职业提出的新的挑战；设计师若不能与时俱进，拥抱技术，损失的不仅仅是效率，甚至有可能是整个职业生涯。

设计思维、设计推理和创新是贾斯蒂丝教授解读设计活动自身规律时重点阐述的概念。这些概念不仅仅出现在第三章《设计过程、设计思维与创新》里面，它们和社会价值、技术等概念一样，渗透在全著的几乎所有章节。设计是一个在复杂商业、社会和技术环境下，尊重直觉、依靠技术、强调论证，系统性、创造性地解决问题的方法论体系。为此，贾斯蒂丝教授从理论和经验两方面，特别强调了设计思维应该成为未来全人教育的核心基础。从赫伯特·西蒙等人在半个世纪前提出设计思维概念以来，设计思维逐渐成为很多高校，甚至中小学教育的重要通识内容。在这样的理论前提下讨论设计，一方面要求设计师关注外部世界的变化，重新理解自身所从事的职业，不断更新自身的知识体系；另一方面，也要求企业和社会更好地理解设计全方位参与研发、品牌战略等商业活动的可能性和路径。著作第五章《创意空间》、第六章《如何支持设计团队》有针对性地从空间和团队建设两个方面，探讨了企业如何充分利用设计师的创造性思维，为企业创造更加优秀的产品，为社会创造更显著的价值。设计思维备受重视固然是设计学科发展的重要机遇，但也意味着设计师的职业教育，尤其是职业道德和伦理的教育，会越来越重要，因为能力与责任共存。

细心的读者不难发现，贾斯蒂丝教授在书中多次提及中国。毫无疑问，中国在当今世界体系中扮演着重要的政治和经济角色。作为古老文明的重要代表，中国率先迈入现代化，并逐步实现传统文化的复兴，其丰富的文化资源、成熟的产业链、多元的市场、充足的人才储备、稳定的社会环境，都是创新设计和产业实践不可多得的条件。理解中国，是全世界每一个设计师和企业面向未来复杂世界创新活动的重要基础，甚至是前提条件。贾斯蒂丝教授从 20 世纪 90 年代初开始接触和了解中国。2002 年 5 月，时任佐治亚理工大学工业设计学院院长的贾斯蒂丝教授带领 20 余人的美国设计教育代表团，联合北京航空航天大学黄毓瑜教授，组织了中美设计教育研讨会。那是一次规模空前的中美设计教育交流盛会，直接促成了国内清华大学、湖南大学和美国卡内基梅隆大学、佐治亚理工大学、俄亥俄州立大学等一批综合性大学间的学术交流，也为日后香港理工大学与内地、辛辛那提大学与中国的广泛交流奠定了重要的基础。贾斯蒂丝教授被中国设计界熟识则缘于其任职香港理工大学设计学院院长的那一段经历。在贾斯蒂丝教授带领下，香港理工大学设计学院进行了一系列设计教育理念和人才培养模式的改革，促成了一系列香港理工大学和内地的学术、人才和产学研交流项目，让香港理工大学更加充分地融入了中国设计教育的大家庭。贾斯蒂丝教授多次提及中国，一方面是缘于她的中国情结，同时也是希望以中国为例，强调理解文化、尊重文化多元性的重要性。

回顾和贾斯蒂丝教授交往的点点滴滴，从 2002 年中美设计教育研讨会上结识她，到在香港理工大学受其关怀并共事，耳闻目睹她对设计教育和文化交流所做出的诸多重要贡献，我想"设计教育领袖，文化交流使者"或许是对贾斯蒂丝教授职业生涯的一个恰当的概括，我也希望读者能从《设计的未来：面向复杂世界的产品创新》一书中感受到一个设计教育家的责任和情怀，并努力让自己成为一个在未来复杂世界里有创造力、有责任感和受尊重的设计师。

辛向阳，卡内基梅隆大学设计哲学博士，同济大学设计创意学院长聘特聘教授、博士生导师，XXY 设计思维与战略咨询创始人，华为独立顾问，四川长虹设计战略顾问；曾任江南大学设计学院院长、江南大学学术委员会副主任委员、香港理工大学交互设计硕士课程主任等职务；具有跨机械、建筑、平面设计、油画、交互设计以及艺术史多个学科的教育和工作背景，主要研究交互、体验、服务设计和组织创新等新兴领域。

辛向阳教授提出了"交互五要素""行为逻辑""从用户体验到体验设计"、服务设计"A-C/E-M"定位、"设计的蝴蝶效应：当生活方式成为设计对象"等交互与服务设计领域重要理论和方法。他先后获中国工业设计十佳教育工作者、国际交互设计协会"交互设计未来之声"年度大奖、江苏省归侨侨眷先进个人、江苏省教学成果一等奖、国家教学成果奖二等奖、光华设计基金会中国设计贡献奖金质奖章、"改革开放 40 年中国设计 40 人""新中国成立七十年中国设计 70 人"等荣誉称号。

推荐序二
Foreword Two

王 敏

很高兴《设计的未来》中文版顺利问世！当设计与设计思维成为很多人常挂在嘴上的词汇时，一本对其有深刻洞察、深入研究，并带着很多案例的书便正当其时，特别是它出自一位国际著名的设计推广者、推动者，一位中国设计界的老朋友之手。

很多年前，我因为工作的原因，认识了洛蕾恩·贾斯蒂丝教授。那时她是香港理工大学设计学院的院长，我在中央美术学院担任设计学院院长，常因会议与评审的机会聚在一起。她对设计的情怀、对创新的关注和对朋友的热心，给我留下了深刻的印象。尽管我们都来自设计学院——而且都是很好的设计教育机构，但所处不同的教育生态环境使这两所学校迥然不同。正因如此，也让我更有兴趣了解洛蕾恩的设计理念、她对创新设计的思考，特别是她对中国设计发展的想法。尽管之后洛蕾恩回到美国担任罗切斯特理工大学艺术设计学院院长，但作为中国设计界的老朋友，她还是常常出席在中国举办的设计活动。我清楚地记得一次她在成都发表的关于创新设计的演讲，满满的激情、清晰的思路、大量的案例……洛蕾恩在演讲中说过，那次演讲的内容会收录在她即将出版的新书《设计的未来》里。十分难得的是，她还曾写过一本向国际读者介绍中国设计的书《中国的设计革命》。现在，我很荣幸向中国读者推介她的新书《设计的未来》。

如同洛蕾恩在本书中所说的："设计的未来将在一些重要节点上与艺术、科学、技术和人类生活相互交汇……设计思维和设计推理将在解决复杂问题的过程中起着至关重要的作用。因此，对设计师而言，拥抱他们在创造产品、服务和体验方面日益复杂的角色，比以往任何时候都更为重要。"

问题是在设计价值与设计师角色发生深刻改变的时刻，我们的设计师是否意识到了这一点？设计师是否被禁锢于以往狭窄的、对设计作用的认识中，被禁锢于自己以往所学的技能范围中，而没有想到要运用设计思维与设计推理为企业、为社会创造更大的价值？企业家是否能看到设计在创新中的意义，看到设计师在产品创新和服务创新中可以发挥的作用，以及他们正在为创新设计保驾护航？

洛蕾恩从思维方式的角度阐释了为什么设计思维可以运用于创新过程：通过发散思维拓宽思路，寻求新的理念，产生形形色色的创新想法；通过聚合思维排除不切实际的想法，从而让创新想法落地实现。本书同样指出了具有深刻洞察的设计推理的作用："如果你仔细观察设计过程，就会发现一个内嵌的思维过程——设计推理。它帮助设计师和团队综合分析大量的信息和刺激因素，从中寻找洞察和数据与刺激因素之间的独特联系。"

这本书还从很多方面让我们看到设计过程中团队、文化、商业等诸多方面的重要性。创新是将很多看似不相关的因素巧妙而又合乎逻辑地连接起来，设计是对诸多相关因素精心考量、推理、实现的过程，设计思维则让创新设计得以实现。设计在今天与未来不仅是商业行为，同时也将是社会发展的动力，更是文化发展的动力。

我想不仅是设计师，企业家也会受益于洛蕾恩的这本书。

王敏，中央美术学院教授，学术委员会副主任。曾任中央美术学院设计学院院长、长江学者特聘教授，香港理工大学设计学院讲座教授、AGI 中国区主席、AGI 执行理事、国际平面设计联合会副主席、世界经济论坛创意经济理事会理事、世界经济论坛设计创新理事会理事、2008 年北京奥组委形象与景观艺术总监。

2004 年建立中央美术学院奥运艺术研究中心并任主任，由于中心的工作，中央美术学院 2009 年获得了国务院嘉奖。作为北京国际设计周创始人之一，2009 年获北京市有突出贡献科学、技术、管理人才奖。2019 年获 ico-D 国际设计组织联合会主席奖，2019 年获光华龙腾特别奖：中国设计贡献金质奖章——新中国成立七十周年中国设计 70 人。

推荐序三
Foreword Three

颜其锋

　　我与洛蕾恩·贾斯蒂丝教授相识于 2013 年。那时，湖南大学与美国罗切斯特理工学院计划在深圳市宝安区合作筹建湖南大学罗切斯特设计学院。在此之前，为了引进国际顶级的设计学院合作办学，我们与 8 个国家的数十所顶尖设计高校展开了洽谈。最后为何选定美国罗切斯特理工学院（RIT）作为合作伙伴，其重要的原因之一是该校设计学院时任院长洛蕾恩·贾斯蒂丝教授对设计业未来趋势和跨文化设计合作有着深刻的理解。

　　当时我刚回国不久，之前在芬兰诺基亚公司工作多年。洛蕾恩·贾斯蒂丝教授拥有在美国和中国香港长期工作的经历，这使得她经常从西方人的视角来观察设计中的文化差异问题。在办学过程中，我们的合作非常愉快，她对东西方文化差异的理解和对技术与艺术的洞察总能很容易地化解分歧。她非常明白深圳在全球未来设计创新生态系统中的历史地位和价值。由于我在读博士期间专攻设计与文化差异的研究，因而比较关注相关内容。我常常在设计与文化差异方面与她沟通，得到了很大的启发。

《设计的未来》是一本非常具有时代感的启发性读物。文中从多个维度探索了人工智能等高科技、艺术和文化等复杂因素对于未来设计的影响。她的很多思想具有超前的意识。近两年来，在全球疫情背景下，虚拟创作、虚拟教育和虚拟演唱会等典型事件触发了人们对"元宇宙"的期待。每当看到媒体上火热的"元宇宙"的概念，我就会想起洛蕾恩·贾斯蒂丝教授在本书中关于虚拟世界的论述。她的这些预见相信也会激发读者对未来的深深思考。

颜其锋，智能产品创新创业导师和实践者。芬兰阿尔托大学媒体实验室新媒体学博士，现任深圳市宝安区创客协会会长、深圳路波科技 CEO，原诺基亚研究院首席设计师，南方科技大学创新创意设计学院访问教授，深圳市南山区领航人才（A 类）；被授予国际发明 20 余项专利，多次获得红点、IDEA 等设计大奖，获"中国十大品牌经理人"和"中国设计业十大杰出青年"。2016 年获中国标准创新贡献奖一等奖。

中文版序
Preface for China

洛蕾恩·贾斯蒂丝

近年来，中国设计取得了令人激动而又振奋的发展。在中国，无论是一线城市还是二三线城市，经过专业设计的产品随处可见，它们的身影遍布各个行业领域、各类新型服务和环境之中。中央和地方各级政府深知如何运用设计思维来对产品和服务进行更新升级。可以说，设计思维在中国得到了广泛的应用。

2012年，我的另一本书《中国的设计革命》出版面世。那本书主要是面向世界介绍中国设计的背景环境，同时它也给了我一个宝贵的机会来向世人呈现这片生机勃勃的土地。在写那本书之前，我在中国香港工作生活了7年，其间一直与中国内地各地的大学、政府和少数民族村落保持互动合作。其间，我发现中国内地设计有三个方面值得关注。

首先，中国设计最引人瞩目的是内容。中国的大学能迅速将可持续性、人文因素、新型技能和新兴技术等概念融入大学的设计课程体系之中，许多一流的设计专业教授主动接纳了这样的内容变化，并引领着中国设计进入了全新的时代。

其次，中国大学中的设计系学生、教师和管理人员都非常刻苦，他们愿意为国家的设计事业投入大量的时间和精力。他们证明了设计能为国家带来价值，社会的各个领域都能从中受益，而不仅仅是商业、医药、时尚、家用产品和软件产品行业。

第三，中国的企业和政府通力合作，让许多人的生活方式发生了积极的变化，人们的生活也因此得到了改善。这乍看之下像是一个伟大的实验，但事实上成为国民经济发展的重要增长点。中国的成功让人颇受鼓舞！

我在 2012 年离开中国，自那之后发生了不小的变化。但我知道，有这样一些内容无论如何都会保留在中国的大学中：

首先是"可持续性"，这是中国的设计课程秉持的理念，许多项目的设计都围绕这一理念完成，他们对如何使用更少的材料、更少的水和自然资源进行研究，以设计和研发更加"生态友好"的产品和服务。

其次是人文因素和人体工程学。在中国，许多项目的设立都是为了帮助老人、新手妈妈以及行动不便的人群。不论是运动器材还是产品包装，这一类型的产品设计都充分考虑了使用者的体型和力量的差异，将人性化理念贯穿始终。

再次是用户体验和软件设计。新时代的年轻人对享受娱乐和体验乐趣总是充满渴望，在这一背景下，新的社交媒体软件和软件产品应运而生。

一方面，我们看到设计在中国这片土地上生根发芽、蓬勃发展；另一方面，中国在诸如动画、平面设计、时尚、珠宝、家庭用品、软件等领域都出现了颇具实力的设计团体。在政府支持和设计团体的努力下，这些领域的设计在深度和广度上都得到了很大的提升。有一些城市还专门规划区域建立创新和艺术创意园区，为设计团体的发展和相互支持提供空间。举办大型活动庆祝创意和创新在中国的许多城市更是稀松平常……

在本书中，我回顾了全球范围内的设计，不得不说中国设计的优势在所有领域里都很突出。我会在正文中提到更多自己的观点。

这本书介绍了什么是能斩获大奖的产品、服务或环境，并对此进行了比较。至于什么是出色又成功的产品，这在设计史的范畴内似乎已达成基本共识。例如，对社会和文化做出贡献、促进当地和全球的经济发展、有可持续性以及审美和情感的吸引力，等等。这些都是成为优秀产品不可缺少的特质。

未来，数据和技术对设计团队和企业的重要性不言而喻。数据将逐步开始在设计问题（或机遇）中引导人们找到解决方案；技术在所有领域取得的发展和进步都将被运用到设计和创新之中，它将始终选择行之有效的设计和产品，并为未来的应用不断地优化和改善。

本书写作期间，我还采访了许多设计师和企业家，向他们请教拥有专属创意空间、管理支持和合适的空间布置对设计团队的重要性。它们推动着团队创建舒适又能激发创意的环境，而这正是设计思维和设计过程的模糊前端的关键。

2020 年，全球疫情迫使教师和学生转向在线教学。事实证明，这一局面迫使在线教学寻求创新发展，显著优化了原有在线课程的体验度。如果不是存在着推动教育和商业向前发展的需要，我们可能还要等待很多年才能达成今天在线教学创新所取得的成果。

就我的认识而言，设计过程、设计思维和设计研究方法会以各自不同的速度持续发展，它们在某些情况下也会相互融合和发生变化。在写作本书的过程中，我意识到设计推理（即我当下的研究）的重要性，因为它有助于发现设计过程中的偏见、容易被忽视的解决方案和创意。

当下，有关用户体验的设计研究会继续扩大，越来越多的人将会了解到这是设计过程中的重要步骤，它可以规避产品、服务或环境在财务和相关方面的风险，同时，这也有助于更好地寻找适合的测试用户。

最后我想说，这本书的写作让我坚定了最初的看法：中国设计将以自己的方式攀登于顶峰——将艺术、设计、历史、新的文化见解、新政策、新技术和服务交织在一起。相信很快，世界就会向东方学习！

目　录
Contents

设计的未来
The Future of Design

　　绝佳的设计给人以美好的感受。它能积极调动感官，引领人们走进当下，带来美妙的体验。无论是功能性的物品，还是抵御自然灾害的应急庇护所、主题公园或互动科技，精心设计的产品和服务都能改善人们的体验和生活，甚至使其成为一种享受。

　　绝佳的设计还能优化体验，解决其中存在的问题。当人身处医院、酒店房间或夜晚的街道时，会非常渴望获得安全感。当此类空间令人感到不适、困惑或恐惧时，设计师应分析和理解这种由空间带来的负面影响，创造出舒适、安心的环境。这一点同样适用于对便利性的追求。设计师可能会把优化机场值机柜台、网上银行或医院的手续流程作为目标，那么在设计过程中的一个重要环节就是与消费者和用户直接合作来改善体验。

　　绝佳的设计也是高效的。它能化烦琐和复杂的流程为清晰的指示。通过罗列流程步骤将复杂问题进行可视化，能带来解决方案和机遇。澳大利亚、芬兰和瑞典等国家就鼓励公民参与政务设计，合作建立更简洁适用的税务表格，并且简化其他政务功能的流程。

这些都是设计思维发挥作用的实例。设计思维是一个高度概括的术语，它包含了整个设计过程，催生出各种各样的创新。它包含两种主要的思维方式：发散思维（divergent thinking）和聚合思维（convergent thinking）。前者能拓宽思路，寻求新的想法；后者则能聚集思路，排除不符合要求的想法。

尝试解决设计中的问题或是应对设计机遇会令人精神紧张，耗费大量精力。但当想法最终汇集成形，它又令人无比兴奋和满足。设计师及其团队在思索新想法时需要保持积极而批判的思维。在这一过程中，他们综合来自不同渠道的大量相关信息，主动将它们联系起来，从中获得深刻洞察并进一步形成解决方案。以信息驱动洞察是设计推理（design reasoning）的一种形式，也是设计思维过程中的一个关键概念。

设计和创新常常不遵循线性的路径，因此在设计过程中可能需要通过多次迭代才能找到应对挑战的独特方法。设计推理能帮助设计师在发散思维和聚合思维间自由转换。这种转换通常在转瞬之间就能完成，它可以迭代发生且异常活跃，这有助于推动设计师及其团队提出最终的解决方案。设计推理会在以下情形中发生：

- 比较和判断不同信息是否有用
- 判断是否接纳或拒绝各种不同的信息
- 平等考虑不同的想法

设计推理是一种思维上的权衡与妥协，它帮助你从诸多解决方案中找到最优解。设计师借助设计推理对创意进行评估，它们可能会被

拒绝、重新安排、更改或去除一些属性，甚至成为同一问题里与其他
解决方案相对立的那一个。

设计推理可以采用可视化或草图技术作为辅助，为解决方案找出最
佳的形状或属性。绘制设计图或草图可以捕捉和记录这些想法，以便他
人进行评估。未来，新技术将通过生成软件来辅助设计推理过程，提供
许多备选方案和维度。与手绘草图相比，生成软件能更快地提供多个版
本的形状、颜色和纹理组合，但手绘通常更有助于设计师进行创造性思
考。语言生成软件正在不断完善和进步，它或许将成为不可或缺的信息
来源，帮助我们选择名字、解释创意或撰写市场营销文案。

新技术的兴起正使世界变得越发复杂，愈加多样化的设计领域也
应运而生。我们需要新的设计技能来满足所有感官（不仅是触觉、听
觉或视觉）的设计需求，实现新技术所能带来的全新体验。设计师有
望成为这些新技术领域的专家，在虚拟现实和人工智能等领域大放异
彩。你可能会发现自己正在开发的产品虽然设计于不同的国家和文化
背景，但彼此之间却可以很好地进行互动。文化敏感性和专业知识储
备将成为体现设计师专业技能的主要方面。

丰富多样的解决方法需要运用多元的思维和背景。专业领域和文
化背景多元的团队能增加设计和创新交流的维度，扩大信息的深度和
广度，为解决未来的复杂设计问题降低风险。

世界正变得日益复杂，这意味着我们需要获取更多的数据来帮助
解决问题并且辅助做出决策。人工智能程序在法律和卫生领域已经发
挥作用，用于搜索和整理海量的信息。随着数据收集技术不断完善，
数据服务专家（计算机或人）可能将在日后成为设计团队的一员。

那么，这对未来的设计意味着什么呢？越是复杂的问题越是需要

3

更多元的团队和必要的数据，所以解决设计问题的流程和方法将随之得到拓展。人工智能（智能机器辅助过程）和大数据（大量经过优化的信息）将逐渐被完善，帮助我们解决世界面临的新问题。

设计的未来将在一些重要节点上与艺术、科学、技术和人类生活相互交汇。科技日渐嵌入我们的日常生活（甚至嵌入我们和宠物的身体中），设计思维和设计推理将在解决复杂问题的过程中起着至关重要的作用。因此，对设计师而言，拥抱他们在创造产品、服务和体验方面日益复杂的角色，比以往任何时候都更为重要。

设计、技术与人类

4

无论是古代箭头、史前农具，还是早期的城市设计，它们都是人类生存和发展数千年来所利用的"精心设计"的技术。我们的生活早已与科技和设计密不可分。设计（包括设计思维、设计推理和设计过程）和新兴科技将有望帮助我们解决当今的复杂问题。但无论现在还是将来，设计师必须以深度融合的方式拥抱新兴的科技，以便抓住它们带来的机遇。

当今社会，移民和难民安置等问题预示着文化多样性和全球化将在未来成为越发复杂的难题。价值观在代际间变迁、关于性和性别角色的理解以及期望不断变化、人的预期寿命在部分地区大幅提高……以上现象仅是冰山一角，映射出一个生生不息的现代人类社会。我们希望应用设计能缓解当下发生的个人遭遇或世界性事件所带来的痛苦，为日常生活提供更多的快乐、舒适、美丽和安逸。新技术将为产品和服务设计的每一个部分带去累积产生的变化（也可能是颠覆性的重大改变）。我们非常需要有此觉悟的设计师，他们懂得欣赏不同人以及不同文化之间的互动，了解其背后的巨大潜力。我们必须做好准备，用设计来应对这个时代的飞速变化和令人困惑的问题。

增强现实（AR）、人工智能（AI）、虚拟现实（VR）和机器人技术将引领我们进入产品、服务以及工作的下一个纪元，让人们得以从枯燥、危险、重复或令人不快的任务中解脱出来。未来主义者，或者说那些系统地寻找未来发展趋势的人们，他们相信这些技术毋庸置疑将提高工作质量，使人们摆脱枯燥单调的工作，更加专注于创造性工作和解决复杂问题。

以机器人索菲亚（Sophia）为例，这是一个极富表现力的机器人，可以进行复杂的对话。索菲亚由汉森机器人技术公司（Hanson Robotics）的创始人兼首席执行官戴维·汉森博士（Dr. David Hanson）和首席科学家本·戈泽尔（Ben Goertzel）共同研发而成。[1]该公司创造的机器人不仅外形栩栩如生，而且具有惊人的表现能力，它们能通过对话与人们建立值得信任且参与度高的关系。汉森的愿景是：

> 我们的机器人能教育、服务和娱乐人类，在不久的将来，它们还会真正理解和关爱人类。我们的目标是通过机器人与人类间的深入互动和影响，培养人工智能的善意和共情能力，为人类创造一个更美好的未来。[2]

索菲亚是一位非常受欢迎的演讲者，它曾以主持人的身份参与一些专题研讨会，也曾在高级会议上发表演讲，讨论机器人和人工智能将如何成为未来生活的一部分。沙特阿拉伯还授予它国籍以显示对这一技术的支持。

6

从工作到休闲，科技将影响我们生活的方方面面。随着技术的进步和发展，拥有严格的道德规范将成为设计师和决策者至关重要的品质和能力。新科技往往会引发道德层面的探讨，比如自动驾驶、太空旅行和空间沉降，或甚是用带来超强表现的技术增强人体机能。在这类情况中，存在于科技乐观主义者和"新勒德主义者"（即主张反对新技术的人）间的拉锯无疑会引发更深刻的讨论，这将有望改变一些具有潜在危害的科技应用。

通过观察案例，我们不难发现技术未来的帷幕已经徐徐拉开，但科技的应用将不断被优化并继续稳健前进。受到自动化、数据挖掘和辅助决策等技术的影响，即使是医生、律师和管理这类工作也正在发生改变。设计师会发现，他们的工作中有关创意的内容可能由于生成演算技术的发展而发生转变，这一技术使计算机快速生成许多解决方案成为可能。设计师也许还将成为拥有出色审美与丰富知识的仲裁者，他们在创作中的角色或许会变得更接近作曲家或电影导演。尽管计算机在存储和比较海量数据方面的表现远胜人类，但随着科技接管更多的工作，对于科技本身的设计却仍需要以人为驱动，而不仅仅是基于技术的最好表现。

关于科技和自动化在未来的角色拓展，智库 Work to Learn 的联合创始人希瑟·麦高恩（Heather McGowan）阐述了如下观点：

> 设计师要用设计赢得信任，只有这样，人们才会对自动化的体验有信心。设计师的工作内容几经变化，从设计产品到服务，再到体验，现在他们要设计源于体验的信任……因为一系列流程都是通过自动化设计来完成的。[3]

银行业就是用设计赢得信任的一个例子。虽然有人并不完全信赖网上银行系统，但它已经得到了广泛的应用。现在我们普遍相信银行会把钱存进正确的账户，或者会按时在线支付账单。换言之，设计师要了解如何在这种自动的过程中建立用户的信任。但要让人们相信科技和它背后的开发者是很困难的，因为我们大多经历过新技术带来的不良体验，尤其是在涉及隐私和数据挖掘的领域。

工作的未来

世界经济论坛（World Economic Forum）与波士顿咨询集团（Boston Consulting Group）联合发表了一篇题为《工作的八种未来：场景及其影响》（8 Futures of Work:Scenarios and Their Implications）的报告，呼吁学生转变思维方式"拥抱终身学习"。[4] 该文援引麦肯锡全球研究院（McKinsey Global Institute，MGI）关于工作及自动化影响的最新报告，预计"到 2030 年，将有 7500 万到 3.75 亿工作者需要更换工作或调整他们的职业"。[5]

工作场所**正在**发生变革，但公司、员工和自动化专家不知道它会在何时、以怎样的形式和规模出现。针对这种不确定性，刊登于《麻省理工科技评论》（MIT Technology Review）的文章《一张图概述自动化对工作影响的相关研究》（Every study we could find on what automation will do to jobs, in one chart）中列举了"预期将被自动化、机器人和人工智能夺走（和创造）的工作机会"。[6] 作者通过元分析得出结论：人们对此观点尚未达成共识，不少预测都只是"针对某一行业或特定技术"。[7] 有些研究仅局限于某一特定产品，如自动驾驶

7

汽车，而其他研究则缺少数据深度和广度。让工人感到宽慰的是，颠覆性的科技或许还要很久才会出现（他们暂时不会被替代）。刊登于《南华早报》（*South China Morning Post*）的文章《对几乎一切颠覆性技术的过度乐观》（The hyper vision of almost every disruptive technology）中，霍华德·余（Howard Yu）提醒我们，索尼花了30年才从收音机和电视晶体管技术中获利。

> 但是，一项技术是否具有破坏性在很大程度上取决于其应用的部署方式，许多开创性技术实际上都是增量式的。这种理解可能会让世界失去兴致，但清醒的认识显然比盲目乐观要好得多。[8]

这正是设计师和其他专家如今参与技术设计的更重要的原因。在当下思考这些问题也为重新训练和引导未来的劳动力争取了时间。

2018 年 1 月，我在大雪纷飞的德国慕尼黑参加了数字生活设计大会（Digital Life Design，DLD）[9]，该会议由施特菲·切尔尼（Steffi Czerny）创办，约西·瓦尔迪（Yossi Vardi）担任主席。会上我有幸与《每日电讯报》（*The Telegraph*）集团业务发展主管克里斯托弗·凯勒（Christopher Keller）就信息与科技的未来进行了交流。谈话中他提到了"化整为零"（unbundling of the bundle）的概念。过去，人们的日常信息来源比较单一，比如报纸。他说道：

> 现在人们获取内容的方式不同了。在旧印刷媒体的时代，报纸杂志提供组织好的内容，题材覆盖新闻、体育、金融市场、生活方式、烹饪和汽车等各个领域，人们会以此为依据做出阅读选择。所以，哪家的整合信息做得最好就能赢得读

者。然而在数字化时代，人们获取信息的来源激增，他们可以在一家网站看商业新闻，在另一家看体育新闻。因此，谁能在某个特定领域提供最好的信息，谁就能获得读者的青睐。这是一种'化整为零'，或者说是市场碎片化，它意味着现在有更多的媒体在更多的平台和渠道上竞争，而顾客消费、问询和购买的方式也变得更为多样。[10]

对严重依赖广告收入的新闻出版商而言，数字化和市场碎片化的趋势给传统商业模式带来了巨大压力。事实上，新闻企业正遭遇被迫重塑。凯勒以《每日电讯报》和《纽约时报》（*The New York Times*）为例，说明许多大报正在通过新的使命和宗旨来拓宽业务范围。这些报纸如今不再仅是内容的提供者，它们的新宗旨是帮助读者在生活中做出更好的选择。例如，有的报纸在推广精心策划的旅行、讲座和烹饪课程等不同类型的体验。这意味着它们的业务内容最终要与旅行社、教育培训机构等非出版企业，以及其他业务相近的公司展开竞争。如此，从前相安无事的企业在突然之间不得不展开角逐。正如凯勒所说："我们现在要从更广泛的视野发现对手。一个数字化和碎片化的世界意味着所有人都在相互竞争。"[11]

在这次会议上，我还与德国企业软件供应商思爱普（SAP）的首席设计师、未来主义者马丁·韦佐夫斯基（Martin Wezowski）探讨了未来的工作。他表达了对技术的期望：

> 科技能自动完成简单的工作，辅助完成复杂的工作。那些日常、无聊、重复性的工作，我们可以应用自动化来完成。至于理解复杂任务、寻找相关性或者寻求解决方案，可以寻

求计算机或者机器学习系统的帮助。谷歌地图的使用就是科技辅助完成任务的经典例子，因为在人脑中记住复杂的地图非常困难。而介于自动化和科技辅助之间的是心流（flow，积极心理学概念），是人在完成认知性任务时全身心的投入，比如迸发创意、运用情商，以及对知识的深层次理解和灵活运用。我把这种适应未来需求的能力称作适应性商数（Adaptability Quotient，AQ）。[12]

关于机器智能将如何辅助未来的生活方式，韦佐夫斯基做了如下推测：

> 也许我们会有一个虚拟的孪生兄弟或姐妹，他或她同时也是我们最好的伙伴，会提醒我们周二下午喝了太多的咖啡，或者在系统里把每个周五的消费预算调低 2.7%，就像朋友一样告诉你，"这可是晚上最后一杯，不能贪杯"。[13]

未来的设计师和其他的专业工作者应把韦佐夫斯基所说的适应力融入思维和逻辑中——在设计新一代数字助理的人格时尤其应当如此，因为它将为我们提供建议或纠正行为。

设计个人数字助理

1990 年，我和丈夫给女儿取名为亚历克萨（Alexa），没想到的是，25 年后一个数字助理程序也使用了这个名字。如果有访客去我女儿所在的公司，别人让他找亚历克萨要信息的时候，还会特地说明，她是

一个可以互动的"真人"而不是那个数字助理。我最近还认识了一位
名叫西丽（Siri）的女士，我会不由地想象那个与她同名的苹果智能语
音助手程序会对她的生活造成多么巨大的影响。那么，今天人们用数
字助理来做什么呢？在线操作自动化应用程序 IFTTT 对其用户进行了
使用情况调查。结果显示，现在大部分个人数字助理都被用来查询天
气或者控制家庭灯光、空调、音乐和安全系统；[14] 超过 60% 的人已经
至少拥有一台像乐活（Fitbit）这样可以接入网络的产品设备。[15]

　　记者布林娜·克尔（Breena Kerr）对 Fin、Magic、Fiverr 和
Upwork 等公司出品的数字助理进行了一项实验，并在《纽约时报》
上以《西丽，亚历克萨和那个谷歌女孩能够提供的帮助有限》（Siri,
Alexa and that Google gal will only get you so far）为题发表了自
己的研究结果。她在文中写道："我希望有一个私人助理来完成我的工
作，但我没料到还要去管理它。"[16] 没错，你还是需要在应用程序中输
入信息，指导它完成任务，这就像花了额外的工夫或者自己做了一半的
工作。因此，很多人仍会选择自己继续完成这些任务，但是随着数字助
理技术越来越完善，功能越来越多，相信它会赢得更多消费者的青睐。

　　尽管如此，技术的进步也带来了风险。技术成瘾、沉迷和焦虑都
是真实存在的威胁。安德鲁·罗斯·索金（Andrew Ross Sorkin）在《纽
约时报》发表的一篇科技类文章中自称为热爱科技的"设备发烧友"。
他无法想象没有科技的生活，"一直希望手机能有一块容量更大、续航
更持久的电池……我有电池焦虑，如果找不到地方充电的话，会整天
盯着电量显示图标，看着它慢慢减少"。[17]

　　对人类和科技来说，渴望大容量的电池和不停翻看手机的
习惯也许显得微不足道，但互动设计领域的先驱唐纳德·诺曼

10

（Donald Norman）却有不同的看法。在国际设计研究协会联合大
会（International Association of Societies of Design Research,
IASDR）上，他以《21世纪的设计：一门崭新、独特的学科》（21st
Century Design：A New, Unique Discipline）为题进行了主题演讲，
并强调了一些问题：

> 人类有许多强大的本能行为，比如好奇、关注变化，以及
> 类似"走神"这样的心理活动，但在科技力量的影响下，它
> 们对人们产生了一些负面效果。社交媒体、新闻推送和广告
> 都在不停地用诱人的碎片信息轰炸我们。在我们的注意范围
> 里，只需只言片语就足以让我们心猿意马，在更重要的事情
> 上分神（比如过马路时注意来往车辆）。[18]

或许你认为科技会让生活更美好，但同时你也需要确保自己对科
技的设计和部署有发言权。科技战、软件成瘾和数据盗窃——诺曼将
之称为难以遏制的"技术之恶"——但这些难以解决的问题未来仍将
持续存在。[19]设计师应与其他领域的专家合作消除这些担忧，更重要
的是，要联手阻止具有潜在灾难性的技术应用。

11 　　安德鲁·基恩（Andrew Keen）在《治愈未来：在数字时代保持
人性》（*Fix the Future：Staying Human in the Digital Age*）一书中
指出，"就像1850年的食品工业一样，如今数字经济的特点是自由市
场失控、产品令人成瘾、企业不负责任，以及普遍无视这种科技对人
身心造成的影响"。他认为，公民的积极性、消费者的选择、负责的
监管、创新和教育等可以缓解数字市场失控带来的更多问题。[20]

　　我十分同意基恩的观点。正如我们所见，当技术在某些领域高速

发展时，立法却没跟上发展的节奏，而且政府可能也对潜在后果缺乏了解。由于这些技术应用并不局限于某个国家，而是面向全世界，因此很难获知最新的进展状况，尤其是在缺乏分享或讨论的情况下。

与科技的全新互动

对未来的设计师和从事新产品研发与服务的人们而言，科技的进步意味着什么？它意味着人们会更深入地沉浸在触觉、视觉、嗅觉、听觉或这些感觉的组合之中。过去，设计的重点一直是带有文本、图像和声音的视觉界面；如今，通过面部、指纹或视网膜识别等手段，视觉界面被更频繁地运用于解锁程序或空间。新的检索软件已经能识别枪支、各种身体姿势和威胁性的手势。在进一步深入研究和试点应用的同时，这些产品已经在有限的领域投入使用。

在过去的 20 年里，语音识别技术取得了长足的进步。尽管第一代语音识别软件仅能输出无法理解的句子，但最新的软件不仅能识别语句还能辨别不同的说话人（在用户与产品互动时可能会收集数据）。

那么，如何利用其他感官进行互动呢？ 3D 打印能否还原食物难以言表的美味？人们能否同步收听和解码其他语言？其实，这些体验已经悄然来到我们身边，但在成为主流之前它们仍需优化和改进。

设计师需要理解最新的科技，以便为其进行有效设计。设计师将肩负起使科技更具人性化的使命，进行更多的用户测试，创造更多场景来模拟复杂的社会。用希瑟·麦高恩的话说，"我们需要相信正在使用的技术"。[21]

12

设计与人的体验

我们会对环境产生情感反应，因而环境的设计方式会影响人的反应。驾驶、玩游戏或尝试新菜谱可以活跃人的感官，成为令人沮丧或愉快的体验。比如，高速公路上被加塞会让人愤怒，一手烂牌会让人觉得游戏索然无味，菜谱配方写得含糊不清会令人觉得浪费金钱、时间和精力。不妨重新想象这些场景的另一种可能，它们也许会带来截然不同的感受——或许你在车里会为了沿途的美丽风景而雀跃；玩游戏连战连胜会让你扬扬得意、自觉聪明；美味的新菜式会让朋友们交口称赞，你也会为此颇感得意。

体验往往决定了我们对环境、产品或服务的感受，无论那是旧玩具、衣服、参观自然公园还是传家宝都是如此。不同的人对科技的感受千差万别，也因此会引发无休止的争论。例如，有一款能让人体验飞翔感受的虚拟现实产品，你可能会因为掠过树梢、潜入山谷的体验而兴奋不已，但也可能由于生理上的晕眩而绝不尝试第二次。

人们对衰老和疾病的体验也是各不相同的。在医院或疗养院的糟糕体验会使许多老人选择尽可能地待在家里。摩尔设计协会（Moore Design Associates）的总裁帕特里夏·摩尔（Patricia Moore）认为：

> 全球老龄化问题，加上医生、护士和家庭护理支持的短缺，促成了一阵设计风暴，极力追求将科技和以用户为中心的理念进行巧妙融合。医疗正迅速演变为对"居家护理"的挑战，需要在"硬科技"解决方案和"软科技"系统设计之间取得整体的平衡。这样的现状为设计师提供了机遇——他们

可以通过创新设计，提供能使人独立自主的终身服务，造福
各年龄段和不同身体情况的消费者。[22]

　　在设计应对全球老龄化的产品方面，设计师们已经取得了重大进展，产生了许多普惠的成果，比如压杆式门把手、带地面纹路和扶手的坡道、方便关节炎患者使用的厨房用品和便携式的卫浴座椅。切实的设计成果将造福整个社会，而不局限于那些从这些创新中直接受益的人。

13

　　但科技对人类会有哪些生理上的影响？现有的外骨骼套装尽管仍需完善和推广，但它已经能帮失去行动能力的人重新行走。在抑郁症等心理健康问题上，人们主要关注的是药物治疗方案。现在出现了一种能植入大脑的装置可以帮助改善记忆力，"它们的工作原理就像心脏起搏器，当大脑难以存储新信息时就释放脉冲予以帮助，而在大脑运行良好时则保持休眠状态"。这一新科技有望在未来变得更安全、有效，而且可能会成为治疗焦虑症和抑郁症患者的福音。[23]

以设计守护未来

　　随着科技与人类活动的不断交融，人们开始担心自己成为科技"失控"的受害者，经历一些想法阴暗的畅销科幻小说中描绘的场景。比如《银翼杀手》（*Blade Runner*）、《黑客帝国》（*The Matrix*）或《我，机器人》（*I, Robot*）中的夸张描述并不是大多数人期盼的未来（至少在看电影时是如此）。但在现实中，当智能机器能为自己的意愿而行动或者当某个国家开发出机器人杀手并发动无人机战役时，我们无法预测到时候会发生什么。未来可能需要多方努力来避免这种末日情景的发生。

未来，设计师和其他科技相关领域的专家将发挥突出作用，因此树立正确的价值观和道德观将成为他们所受培训和教育的重要组成部分。企业里的设计师和团队往往需要扮演好"守门员"的角色，确保设计出合适恰当的产品、服务及相关操作和程序，纵然有时可能与雇主的期望有所差距。此外，越来越多的消费者不但想要了解哪些产品和服务有压榨劳工或危害环境的嫌疑，也同样关心生产者的工作环境和安全情况。这会让设计过程变得更加复杂，涉及更广更全面的证明材料。

14

设计领域的未来

未来，设计思维与设计推理，或者说设计思维模式，会成为日常工作和生活的一部分。例如，丹佛大学执行副校长兼教务长杰里米·黑夫纳（Jeremy Haefner）认为，将来申请大学的学生应当：

> 具有基本的设计思维，为他们将来的教育打下基础。自动化、机器学习和机器人技术使就业环境快速变化，未来的毕业生需要具备明确的社交技能，比如高情商、高效沟通和道德领导力（ethical leadership）。雇主们已经对毕业生提出了这类要求，比如希望他们能通过团队协作解决问题、用共情能力开展问询以及以尊重为前提提出建设性的意见。大学教育必须回应这些要求，而设计思维将成为传授这些技能的课程平台。[24]

黑夫纳认为，这些课程并不限于平面或工业设计专业的学位课程。相反，他觉得设计思维可以成为大学课程中普遍的教学方法。在构思尚不存在的新事物时，设计思维模式能帮助我们寻找关联和进行替换。[25]

　　设计师需要掌握整合大量不同信息的方法。这些信息可能来自专家的观点、视觉测评或用户测试。未来，许多信息还可能来自大数据。人工智能和学习系统将根据这些信息给出可行的方案。这些解决方案将在设计中得到评估，而后通过消费行为研究的验证，并最终接受销售和消费者 / 用户满意度的考验。

　　设计领域可谓方兴未艾。随着人机或机器间的交互界面拓展至视觉、语言、手势和其他感官命令，设计领域将出现更多专业方向。未来，平面设计师、界面设计师、室内设计师和产品设计师等也许能选择一个虚拟现实领域进行专攻，从而提高这些特定技能的专业化。

　　正如黑夫纳所言，中小学正逐步将设计项目纳入学校课程中。中学开始为学生提供设计体验，并着手将设计思维融入学校课程。在美国华盛顿州，有 6 所高中参加了一项挑战活动，要求学生设计并建造一个社交机器人来帮助处于压力中心的青少年。该机器人的设计目标是"与人成为伙伴，提供帮助与支持，或者从人和周遭环境中获取信息"。[26] 在中国，这种社交机器人已在真实的生活场景中进行实验，人们可以告诉这些数字伙伴心底里最深切的渴望、恐惧和担忧，并从它们的回答中得到慰藉。[27]

　　设计无处不在。从早晨睁开双眼到夜晚进入梦乡，你与数百个物体、空间和外表面产生感官上的互动，只要其中少数互动存在问题，就可能给你的一天带来负面体验。试想一下，如果你的闹钟没响、电动牙刷没电、咖啡壶坏了、汽车无法发动，这看起来真会是一个相当糟糕的早晨。

　　另一方面，科技可以让生活更轻松、安全。如果你在机场迷路了，那可能是指引标识设计得不够人性化。也许航空公司可以拓展旗

15

下手机应用程序的功能，通过视觉和语音引导带你找到登机口，还能告诉你沿途可以购买哪种零食，甚至提醒你放慢或加快脚步。一些用于评估地形、预测山洪暴发的新程序，可以在危难时给人们发出警报，引导人们撤离到安全区域。如果这种新型预警程序有效，那么它就有可能拯救住在危险地区的人们。

我们的城市、出行方式以及与生活方式息息相关的技术和工作场所都能从上述设计过程中受益。例如，One Business Design 的总裁蒂姆·弗莱彻（Tim Fletcher）借助自己的设计背景，借助视觉模拟帮助企业了解如何进行商业合并。[28] 他使用各种工具和手段，运用视觉语言模拟演示合并过程，帮助参与者理解合并前后一年所要做的事情。其中一位参与者说："有关合并的事我们已经讨论了很久，我也为此看过许多报表，但还是缺乏真实的感受。经过这三天的模拟演示，我好像能够在眼前看到这次合并，也对它更有信心了。"[29]

通过设计未来，设计师能帮助我们决定未来的面貌。设计是一种产生解决方案的视觉和思维手段，它的应用空间远比产品设计更为广阔。设计师工作的世界由"尚不存在"的事物构成，他们自如地遨游其间，为人们的幸福而努力创造着。

如何使用本书

如果你现在或打算在不久的将来为全球市场设计产品和服务，那么本书正是为你而写的。全球产品的开发和设计已然十分复杂，本书虽非详尽无遗，但希望能为未来的产品设计和服务提供新的思考方式。今天，还有许多因素阻碍了消费者需求的实现。随着科技的进步，设计专业也将经历飞速变化，其中大部分技术将提升或增强设计师和团队的设计水平。设计师、制造商及任何与全球产品和服务相关的公司都应认识到未来设计专业的复杂性。这本书将对相关问题进行深入探讨。

多年来，设计学科从艺术、建筑、商业、工程、未来主义、心理学和社会学等其他学科借鉴了许多内容和术语。你可能发现本书中"借用"了一些术语，但它们在设计语境中表达的含义略有不同。例如，设计调研（design research）指遵循传统学术调研的科学指导方法，但它在实际使用中的意义可能不那么严格，因为为了获取产品或服务的即时反馈，设计领域对这种指导方法进行了针对性的调整。

本书并未涵盖设计、设计思维和推理或者说设计过程的所有定义，业界已有其他专著对此进行详细讨论。设计领域包括了许多专业方向，例如动画、平面、环境、工业、室内、产品和用户体验等等。其实，新诞生的科技和人们日趋复杂的生活都会使这些方向受到影响，它们的专业知识也将受到同样的冲击。

为免繁复，本书使用的"产品"一词为泛指，可以用服务、场所或体验进行替代。"设计师"一词时常被用来指代"设计团队"。在阐述设计过程时使用的许多术语最初来自其他学科和实践，如艺术、商业、计算和学术研究。本书对这些术语的简单定义如下：

17

- 艺术是一种自我表达的活动，与之相对，设计的目的是服务客户。
- 设计是一个解决问题（或寻找机会）的过程，在大多数情况下不被认为是一种自我表达的活动（除非设计师是在创造一个自我表达的产品供他人使用）。

- 客户雇用了设计师或设计团队。客户可以是要求提供新设计或服务的个人或公司。

- 消费者是产品的购买者，但未必是最终使用者。

- 用户是产品的使用者或服务的体验者。

在本书中，我会完整引用访谈对象的话，因为我希望读者能够"听见"他们的真知灼见，这远比重新措词或概述他们的话更有说服力。

对于设计师来说，本书并不是要详尽地解释设计过程及其中的所有变化。通过阅读本书、熟悉书里的大部分内容，你将了解到它们如何被提炼、概括以更流畅地讨论产品设计和服务设计的未来。希望本书能激发你对未来的思索，考虑如何参与到未来技术工具的设计。对未来主义者和人工智能专家而言，书中提到的技术，你们已经了然于胸，但希望本书能拉近你与设计的距离，帮助你在项目中与更多设计师开展合作。

18

对于想在世界范围内设计和分销产品及服务的设计人员和厂商而言，本书提供的许多案例和应用则更为实用。虽然推出全球产品的过程已变得越发复杂，但书中提及的一些方法将有助于降低风险。

从下一章开始，本书将探讨消费者复杂需求的增长如何影响全球销售，以及如何运用正确信息降低组织的风险。最后，作为一本指导手册，本书将阐述与未来设计师合作的方法和预期收获。设计师与设计团队会持续开发独特、美观和有效的解决方案，即使他们面对的问题将越发复杂。

第一章
Chapter 1

全球产品的成功要素
What Will Make a Global Product Successful

　　一个产品要在全球范围内获得成功，不仅仅是销售的问题！曾几何时，销售收入是判断全球产品成功与否的唯一标准，但现在品牌有了新的企业使命——造福世界，而产品是兑现这一承诺的媒介。本章将讨论五大历史悠久、最负盛名的国际品牌设计竞赛，研究它们的评选标准，以此作为衡量产品优秀与否的参考，探讨全球产品成功的要素。

　　如今，许多公司已经创建或更新了他们的使命宣言，强调自身在社会和商业中应起到积极作用。例如，巴塔哥尼亚（Patagonia）是一家生产运动服装和户外装备的公司，它的使命蕴含哲理并在工作中得到贯彻："制造最好的产品，杜绝不必要的伤害，用商业寻找和实施解决环境危机的方案。"[1]另一个例子是宜家家居（IKEA），一家设计和销售家具、厨房电器和家居配件的瑞典公司。宜家的使命是："为大众创造更美好的日常生活。"[2]为此，宜家始终维持合理的价格，让人们都能买得起它的产品。

　　尽管销售收入依然至关重要，但很多企业正在努力推动消费者喜闻乐见的积极社会变迁，以此打造自身的品牌价值。作为企业构筑品牌忠诚度的有效方式，这种积极的社会变迁趋势将在未来得到不断的发展。

20　企业道德、环境保护和其他影响当地和全球市场的文化和社会问题，为企业提供了公关机遇，极大地扩大了品牌知名度。企业会努力让消费者在购买想要的产品时感觉良好——或者至少在购买不必要的产品时能减轻一些罪恶感，因为他们知道自己的购买行为会使他人获益。

事关体验

设计与情感领域的两位先驱保罗·赫克特（Paul Hekkert）教授和彼得·德斯梅特（Pieter Desmet）教授在论文《产品体验的框架》（Framework of Product Experience）中提到，用户和消费者的体验受下列因素影响：

- 用户的特征（如个性、技能、背景、文化价值观和动机）
- 产品的特征（如形状、材质、颜色和行为）
- 环境（如发生互动的物理、社会和经济环境）[3]

通常而言，我们会很"自然"地对产品或服务给出反馈，但对它们的具体反应很大程度上受我们自身文化、社会环境，甚至宗教价值观，以及产品本身和当时环境的影响。赫克特和德斯梅特将用户体验进行了分解，以便我们看到这些因素如何影响体验。用户、产品和环境这三方面都蕴含着影响体验满意度的关键要素。

随着时间的推移，品牌需要维持满意的体验来建立品牌忠诚度。如果某种产品的体验产生负面波动，消费者就会寻找其他产品体验。

嵌入式科技产品正是如此，也许它最初的体验不尽如人意或令人失望，消费者也就不愿意继续尝试使用了。

在过去十年间，最重要的变革之一是出现物联网（Internet of Thing，IoT）产品和服务，而且它的影响还将持续加深。这些产品（如软件、电器和电子设备等）增加了软件和硬件的种类，拓宽了分销途径和国际市场。这种产品接入网络的趋势在未来会逐渐加速，但问题是："这是真正实用的产品，还是华而不实的科技噱头？"未来，精明的消费者很可能会好奇使用某项特定技术的原因，据此要求企业加以解释和说明。

全球顶级品牌

从某些角度来说，产品品类在数千年前就已确立，未曾发生改变。比如食品和饮料类的茶叶、水果和香料，纺织类的棉花、丝绸和毛皮，配饰类的黄金和珠子，还有家居用品类的青花瓷等，它们都是最早投入贸易的产品。今天，在这些产品类别中都形成了拥有巨大品牌价值的全球企业，比如食品和饮料行业的麦当劳（McDonald）和可口可乐（Coke Cola）、服装和配饰领域的飒拉（Zara）和卡地亚（Cartier）以及装饰和居家用品的宜家。

2018年，福布斯（Forbes）杂志基于美国市场公布了全球最具价值的100个品牌。[4]该榜单显示，价值排名前十的品牌依次是苹果（Apple）、谷歌（Google）、微软（Microsoft）、脸书（Facebook）、亚马逊（Amazon）、可口可乐、三星（Samsung）、迪士尼（Disney）、丰田（Toyota）和美国电话电报公司（AT&T）。瑞典、英国、意大利、日本、韩国和中国等国家都有大品牌上榜（由于该榜单要求参选品牌出现在美

21

国市场，因此中国的重要品牌阿里巴巴和腾讯没能榜上有名）。在这十大品牌中，有6个属于科技企业，饮料、电信和汽车企业则各占其一。[5]

我们在下一节将看到，中国的十大品牌除了食品和饮料行业的茅台外，其余品牌都来自以技术为主的企业。

中国顶级品牌

2004年，时任中华人民共和国总理的温家宝在政府工作报告中强调，要通过设计和创新来驱动中国经济增长，打造中国知名品牌。[6]政府的重视在中国的一二线城市催生出许多与设计和创新相关的活动。新的设计项目在大学、创新园区、设计中心和艺术园区中涌现，它们标志着设计和创新的新时代，为缔造品牌打下了坚实的基础。

根据2017年凯度华通明略（Kantar Millward Brown）发布的最具价值品牌排行（BrandZ）显示，中国最具价值的品牌是：

22

1. 腾讯（在线销售），微信（社交软件技术）的母公司

2. 阿里巴巴（在线零售）

3. 中国移动（电信）

4. 中国工商银行（金融服务）

5. 百度（科技）

6. 华为（科技）

7. 中国建设银行（金融服务）

8. 平安（保险服务）

9. 茅台（酒精饮料）

10. 中国农业银行（金融服务）[7]

中国政府深知，提高国家品牌的价值必须提升产品和服务设计的质量。目前，中国各大城市都有设计公司，比如位于上海的桥中创新（CBi China Bridge），它在设计以及消费者研究方面的表现十分出色。得益于产品和服务设计公司数量的增长以及用户研究和品牌重视度的提升，海尔（白色家电）、联想（计算机）和小米（手机）等中国企业显著提升了产品的可用性和吸引力，更在国际设计大奖上崭露头角。

通过品牌追踪全球设计行业的发展状况

在亚洲，印度（塔塔汽车）、日本（索尼）和韩国（LG）在数十年间已创立起了全球顶级品牌，菲律宾、马来西亚和新加坡等国家在食品和饮料领域也拥有了颇受欢迎的品牌。[8]

在非洲，最受认可的品牌（不以营收衡量）大多来自电信行业，例如南非的 MTN 集团、津巴布韦的 Econet Wireless 和尼日利亚的 Globacom；在服装行业，埃塞俄比亚的安贝萨（Anbessa）值得关注。[9] 再看拉丁美洲，墨西哥的啤酒品牌科罗娜（Corona）实力强劲；巴西的化妆品品牌纳图拉（Natura），因其投身社会和环境事业而家喻户晓；哥伦比亚的啤酒品牌阿吉拉（Aguila）也榜上有名，跻身品牌 50 强的行列。[10]

在俄罗斯和澳大利亚，虽然出口商品主要是矿产资源，但它们都拥有十分活跃的设计团体，未来的产品和服务品牌值得关注。当下，俄罗斯在设备和机械设计方面突飞猛进，澳大利亚也在零售和服务品牌方面取得了长足的进步。

成功品牌在世界各国百花齐放，这背后需要有一个健康的全球创

23

意产业作为支撑，后者也会在蓬勃发展的经济中得到体现。当一个国家在设计新产品和创新上占得先机时，它就能在经济上获得优越的表现，中国就是一个很好的例子。

全球产品的需求差异

一个全球产品可能在某个大陆上获得经济和文化方面的成功，却可能在另一片大陆上鲜为人知。例如，曾有两家中国公司考虑出口电饭煲或山药煲（yam cooker），但后者当时在全球市场上需求不大（现在也是如此），只在中国部分地区和南美一些市场供应销售。如果现在掀起了一股推崇健康食品的热潮，那山药煲在全球市场上的表现可能还有些希望。总体来说，出口电饭煲是一个可行选择，而出口山药煲就需要三思了。

这种实用的电饭煲在许多以大米为主食的国家获得了成功。2017年，电饭煲在美国的销量为690万台，高于2010年的310万台。[11]传统的大米烹饪方法会在炉灶上耗费大量的时间，世界各地许多厨师都在寻求省时的新方法，电饭煲因此颇受好评。它不仅使用简单、造型得体，还为制造业增添了许多就业机会。

以上例子是否说明高销量、易使用、造型美观和文化契合度高就能使电饭煲成为伟大的产品？不，根据如今迅速发展的标准，电饭煲或其生产企业还需证明以下几点：

- *产品具备可持续性（烹饪消耗能源少、部件可回收、不污染环境）*

● 生产企业具备社会意识（回馈社区、启动健康教育项目）

● 生产企业具备商业道德（善待员工、工资合理、商业运营公平）

如今，要成就优秀的全球产品，仅靠销量和产品功能是不够的，不断变化的全球设计竞赛评选标准恰能体现这种趋势。下一小节我们将聚焦几项全球设计竞赛，了解依照它们的标准评选出的优秀产品和服务设计应具备怎样的重要属性。

24

全球设计竞赛的新标准

美观与高品质曾是卓越产品的代名词。如今，这两者只是最基本的要求，优秀产品还需要满足更多标准。可用性、可持续性和社会责任已然成为产品需满足的首要因素，它们甚至可以代表整个品牌。

放眼世界，各国举办的设计竞赛可谓百家争鸣，比如德国博朗奖（Braun Prize）、美国 Core77 设计大奖、中国设计智造大奖（Design Intelligence Award，DIA）、国际设计管理协会设计价值大奖（dmi: Design Value Awards）、《快公司》（*Fast Company*）全球创新大奖（Innovation by Design Award）、红点设计奖和美国环境图形设计协会（Society for Environmental Graphic Designs，SEGD）的全球设计奖。除此之外，各个设计领域也有自己的奖项，如美国平面设计协会（American Institute of Graphic Arts，AIGA）的各项大奖和国际室内设计协会（International Interior Design Association，IIDA）设计奖。

本节中，我将讨论五项来自不同国家和地区的国际设计竞赛，以它们的评选标准作为卓越设计的指标，讨论全球产品的成功要素。我将考察的五项国际赛事是：

- 德国工业论坛设计奖（Industrie Forum Design Awards）
- 澳大利亚优良设计奖（Good Design Awards）
- 美国工业设计优秀奖（International Design Excellence Awards，IDEA）
- 亚洲最具影响力设计奖（Design for Asia Awards）
- 丹麦 INDEX 设计奖（INDEX Design Awards）

所有这些奖项的评审团都由该领域的专家组成。顶级评委参与评审的奖项和他们所依据的评审标准为我们提供了线索，揭示了怎样的产品和服务才能在全球范围内堪称卓越（足以摘获大奖或金奖）。

德国工业论坛设计奖

25　　德国工业论坛设计奖，简称 iF 设计奖。长久以来被全球各领域企业视为优秀设计的象征，它代表着卓越的外观、高品质的审美以及以用户为本、符合人体工程学的高效设计。

1953 年以来，iF 设计奖一直遵循以下六大指导原则：

- 甄选、支持并推广优秀的设计
- 帮助公众意识到设计的重要性及其在生活中的作用
- 帮助企业将设计纳入长期战略

- 维护专业设计师的角色，提高大众对该职位的认识

- 通过设计影响社会变革

- 支持有才能的年轻人，为青年设计师创建公众平台

虽然评审标准最初侧重美学和道德标准，沿袭包豪斯所追求的"好的形式"（good form）的理念，但 iF 设计奖现已明确新的要求，即产品应具备用户为本、符合人体工程学的高效设计。产品仍然需要令人愉悦的视觉特性，但这已经不是唯一的标准了。[12]

澳大利亚优良设计奖

澳大利亚优良设计奖创始于 1958 年。该奖项由国际设计推广团体"澳大利亚优良设计"（Good Design Australia）组织举办，它始终"致力于提升设计对商业、工业、政府和大众的重要性，呼吁人们意识到设计所能发挥的关键作用，帮助人们创造更美好、安全、繁荣的世界"。[13] 布兰登·吉安（Brandon Gien）博士是"澳大利亚优良设计"的首席执行官兼奖项的项目主席。他希望，纵使新科技不断涌现，引领人们走向未来，设计仍能保持以人为本的宗旨。他还认为，设计师应具备在更高层面解决问题的能力，而不是局限于设计产品；设计界将谋求在未来发挥更大的作用，助力解决最大也最复杂的全球问题。

该奖项深信，设计应当是：

26

- 创新、经济发展、出口和生产力的关键驱动力

- 连接创新、创意和商业成功的重要一环

● 通过共情和洞察提升社会福祉和繁荣水平的关键[14]

对所有入围作品，澳大利亚国际设计奖有三个首要评估标准：设计的品质、设计的创新性和设计的影响力。此外，评委会根据奖项设置，参照十个不同设计领域的具体标准进行评估。

产品设计的具体评估标准如下：

外观

该设计的风格对目标市场是否有吸引力？

该设计在视觉上是否完善，能否引起情感联结？

产品的外观能否直观、无歧义地传达它的功能和用途？

功能

产品能否实现设计的功能？

产品是否易于理解和使用？

该设计是否符合人体工程学，能否提升用户体验？

安全性

该设计能否保护用户免受伤害？

该设计能否避免被用于他途？

该设计是否符合所有适用的标准和规定？

可持续性

该产品能否被拆解或循环使用？

该产品在日常使用中是否能做到节水、节能或节约材料？

27　该产品的材料和生产过程是否对环境的影响降到了最小？

质量

该产品的制造是否精良、完善？

该产品的质量是否匹配预定的价格？

该产品的材料和制造技术是否合适？

商业

该产品是否具有良好的性价比？

该设计是否能提升企业的品牌价值？

该设计能否带来足够的回报，对它的投入能否回本？

创新

该设计是否新颖、原创？

该设计是否明智地运用新材料或新技术？

该设计是否具有世界首创的特性？[15]

美国工业设计优秀奖

美国工业设计优秀奖由美国工业设计师协会（International Design Society，IDS）设立于1980年。这一全球性系列奖项旨在"于不断变化的潮流和转瞬即逝的风格中"[16]树立经久不衰的设计标杆。获得金奖的作品将被位于美国密歇根州的亨利·福特博物馆（Henry Ford Museum）永久收藏。

该奖项的标准是：

- 设计创新
- 用户体验

28

- 客户利益
- 社会利益
- 审美标准 [17]

　　该奖在用户体验方面更关注"以人为本的设计"，但同样也要求产品对客户和社会有益；审美标准过去是一项至为关键的指标，而现在与其他标准相并列。

亚洲最具影响力设计奖

　　自 2003 年创立以来，香港设计中心（Hong Kong Design Centre）举办的亚洲最具影响力设计奖（DFA）一直致力于表彰卓越设计，嘉许"从亚洲视角出发的优秀设计"。[18] 该系列奖项的评选标准是：

- 总体是否优秀
- 是否运用科技
- 在亚洲的影响
- 商业上的成功
- 社会上的成功 [19]

　　DFA 的评选标准反映了对文化（尤其是亚洲文化）、可持续性和科技的关注。它们反映了支持和保护亚洲文化的愿望，也提醒亚洲的生产者关注环保和可持续性问题。该奖项还在商业表现上设立了评判标准，这提醒我们设计要契合市场，具有经济的可行性；在技术标准上，应鼓励产品和服务设计使用最新的技术。该奖项在文化、可持续性和技术方面都分别设有大奖。[20]

丹麦 INDEX 设计奖

2002 年，凯奇·维德（Kigge Hvid）和一支丹麦团队开始着手为一个奖项制定评选标准，该奖项包括产品与服务，关注如何运用设计改善生活。最终，丹麦 INDEX 设计奖于 2005 年设立，成为第一个将服务设计纳入评选的奖项。[21] 在 INDEX 设计奖的网站上这么写道：

> 如今，全球所有的设计活动、会议和机构都明白"设计改善生活"的力量，它们将一部分项目、工作或资源投入这一重要进程中。私营部门也随之跟进，它们发挥出设计蕴藏的巨大商业潜力，用设计让人们的生活变得更好。[22]

29

在世界经济论坛上提出的第 17 个可持续发展目标（SDGs，详见下一节）为 INDEX 设计奖提供了支持和依据。这一发展目标由多个国家共同制定，旨在"指引人们走向公平、充实和健康的生活"。[23]

全球可持续发展目标（SDGs）

2015 年，联合国成员国共同为产品和服务制定了可持续发展目标，计划在 2030 年达成。[24] 这些目标提高了全球对道德、公平和环境保护等重要议题的认识，得到了世界经济论坛的支持。在引进新产品和服务时，各国应努力实现以下目标：

- 消除贫困

- 消除饥饿

- 保障健康与安乐

- 提倡优质教育

- 提倡性别平等

- 提供清洁饮水和卫生设施

- 提供低价和清洁能源

- 保障体面的工作和经济增长

- 保障工业、创新和基础设施

- 缩小不平等

- 维持可持续城市和社区

- 保障责任消费和生产

- 保护气候

- 爱护水下生物

- 爱护陆地生物

30

- 拥有和平、正义和强大的机构

- 促进目标实现的伙伴关系

　　该系列目标是一项雄心勃勃的事业，设计界正在脚踏实地审视他们力所能及的行动。如果全球的设计团队能将这些目标融入和贯彻于项目和讨论中，我们将更有可能达成一些（或者所有的）目标。[25]

优秀产品的标准

　　总而言之，为了针对全球市场进行创新、提出可行的方案，设计

团队要在设计过程中考虑很多问题。随着消费者对产品和品牌的要求
增加，一些问题将变得越发重要，甚至影响品牌的价值和销售收入。
以下列举了一些全球产品或服务要重点关注的目标，它们选自多项具
有代表性的国际设计大奖：

- 有益于企业（销售良好、支持品牌）

- 对当地经济做出贡献（安全、对雇员公平、环境友好、
可持续性）

- 对社会或文化做出贡献（好用、有益、合适）

- 通过独特的创新和审美做出贡献（合适的风格、易于使
用、有独特或原创之处）

企业和公共组织可以参照这些目标来评估产品和服务，它们也可
以作为设计产品和服务的指导标准，为世界做出贡献。在本书中，我
将上述 4 条标准视为优秀全球产品的基础。

对设计的未来有何意义

消费者对设计的要求不断增加，设计过程也随之拓展。或许看
了本章列出的标准，你会觉得无所适从，认为推出一款成功的全球产
品无比困难；但在现实中，许多组织正朝着改善环境和社会的方向前
进，同时试图逐步提升它们的利润和品牌价值。这些最佳实践和目
标，将在更多产品和服务的设计简报中得到体现。

企业对文化和社会的使命将在未来延续甚至扩大。将来企业可能
希望员工把对世界有所贡献作为个人使命。对于员工社会服务的嘉奖

31

已有数十年的历史，但是今后社会服务工作可能会成为员工整体职责的一部分。现在只有少数企业允许员工从工作中抽身，实行服务性休假。未来这一情况将会得到改善，员工会要求将其作为工作包（项目分解的单位，包括工作范围和时间安排等）的一部分。度假/服务性假期的组合可能是企业对世界做出更多贡献的一种方式。

作为设计师，你需要去探索这个世界，理解你和你的企业所要面临的复杂问题及其背景。设计师通常会寻求特别的体验、造访独特的地方，以此提升阅历，锻炼感官。这会帮助你在设计思维和设计推理上做得更好，而其他刺激因素会激发你的灵感，让你想出创新、新颖的方案。与只进行小组互动或者用电脑搜索信息相比，这种方法会更加有效。

在解决问题、寻找机会的项目初级阶段，你需要考虑范围更广的问题。这些信息形式多样，比如收集到的数据、某种文化的图像以及产品和服务应满足的新法律要求。综合利用这些信息才能获得对方案有益的洞察。

此外，设计团队可能会更大、更多元，设计经理和项目主管需要妥善管理团队来达到最佳的效果。某些团队成员可能在项目早期必不可少，他们具备材料使用、文化规范或者早期调研方法方面的专业能力。更大的团队意味着更多的专业信息，这对决策有所帮助，但如果有团队成员缺乏归属感，他们在大团队里就会感到更加疏离。

本章所列举的产品和服务目标能帮助企业满足消费者的需求，保持他们对品牌的积极态度，同时也能帮助企业保护社区、环境和员工。有鉴于此，在设计和开发产品时，需要考虑公司和消费者的目标和需求。这些目标看似无比艰巨，但它们能激发设计师的创新思维。

本章对世界品牌提出的评判标准为设计团队提供了框架，他们可以将其作为参照，审视自己的方案。在设计、创新或修改产品阶段，设计师应竭尽所能地满足这些标准。

　　在下一章中，我设立了十个全球性的影响因素，它们能帮助或者提示设计师达成目标，设计出成功的产品、服务和体验，或者至少能帮助设计师及团队尽可能地收集信息来规避风险。如果要在另一个国家推出产品或服务，那么这些文化、资源、政府等方面的影响因素是必须经过考虑的。

第二章
Chapter 2

决定产品成败的因素
Impacts on Product Success or Failure

当《经济学人》（*The Economist*）宣布"数据就是新时代的石油"时，我认为它并没有将设计行业和全球产品的未来纳入考量范围。[1]但是，获取正确的数据确实非常必要，它能让决策更简单，并且在整个设计、制造（或编码）、市场营销和分销阶段显著降低风险。此外，如果企业想要为某个国家或地区做一些贡献，它们或许能从数据收集和分析中发现更多的机会。

未来，人工智能和大数据或许将在设计过程的前端发挥重要作用。这里的"数据"指的是信息，它们可能源自各种研究项目，也可能来自对任何有用信息源的数据挖掘。妥善地进行数据收集和分析，可以指引我们发现问题或机遇，也能进一步支持或推翻某个设计构思和洞察。我认为，在项目开始前缺乏足够的数据会成为解决问题过程中的缺陷。在能够广泛获取经过挑选、甄别的数据之前，我们还将依赖电脑，通过软件推送和搜索引擎等目前普通的手段寻找相关信息。

彼得·弗兰科潘（Peter Frankopan）在《丝绸之路：一部全新的世界史》（*The Silk Roads*）一书中讨论了城市缘何成为早期文明的

信息中心：

> 丝绸之路沿线的文明、城市和人们之所以能得到发展和进
> 步，是因为他们相互贸易、交换想法、彼此借鉴，促进了哲
> 学、科学、语言和宗教的进一步发展。[2]

34

丝绸之路沿线集中了大量人口，连接了城市，这使得信息的传播
也比较快。尽管今天互联网上有大量数据可供世界许多地区的人们获
取，但对企业而言，办公选址在信息汇集之处对自身大有帮助，它们
能从最近的人群活动中获取最新的信息。这就是现代版的"丝绸之路"。

在《天才地理学》（ *The Geography of Genius* ）一书中，埃里克·
韦纳（Eric Weiner）认为地球上的某些地区是灵感的摇篮。比如，希
腊的雅典曾见证哲学和政治制度的创新，意大利的佛罗伦萨曾是金融学
和艺术的沃土，科学与艺术则在印度的加尔各答蓬勃发展。此外，还有
苏格兰爱丁堡之于工业和启蒙运动，奥地利维也纳之于音乐和心理学。[3]
新的想法在这些地方酝酿、发展。就像今天一样，人们思想的交融和碰
撞催生出新的事物。艺术家、作家、诗人、银行家、投资人，来自各行
各业的人们彼此相遇、学习。他们创造音乐和艺术，改进想法和体系，
以这样的方式相互启发。虽然韦纳列举的城市并不在丝绸之路沿线，但
它们都是创新涌现、文明聚集的地方。硅谷是他所提到的最新一个灵感
摇篮，那里汇聚了大量计算机技术和相关领域的人才。[4]

影响因素的不同领域

本章将列举新产品或服务的潜在影响因素，涉及资源、社会问

题、物质条件等一系列影响产品和服务设计的问题。为确保团队在着手设计产品前能充分地进行调研，开展更加细致的信息收集工作显得十分必要。

35 　　要想营销某个产品（尤其在非本国），首先要做的是尽快设置推送、追踪新闻来获取快讯，以求发现趋势、问题和机遇。假设目前需要为印度偏远地区设计一款便携式净水器，设计团队也许可以围绕这一主题设置新闻推送的关键词，例如过滤饮用水、印度援助机构、印度偏远地区政治或者便携式水质监测仪等。通过获取新闻资讯，以及对文化、历史、地理、政治环境和分销渠道的深入研究，可以透彻地检测可能的机会和风险。

　　对于幅员辽阔、文化多元的国家和地区，有必要设置多个新闻推送并研究当地历史。比如像中国和印度这样的国家地域广阔，不同地区表现出巨大差异，所以在信息获取上应当包括对多样性的研究。大型跨国企业往往在设计研发的前端对实际情况进行调查和了解，但他们采用的方法无法广泛和深入地收集所需信息。

　　这些企业可能会提出诸如"现在巴西市面上的农业设备是什么样的"或者"在厄瓜多尔销售产品会涉及哪些法律问题"等问题。企业一般都会进行调研，但有时却不会把结果告知设计团队，而后者本可以在产品设计过程中使用这些信息，让它们从中发挥巨大作用。未来，企业将需要获取更综合、及时、可靠的信息，它们能指明目标地区的政治和文化趋势。这些信息的挖掘应更深入、更广泛，也更应该与设计团队共享。

　　所有企业都想为品牌在他国铺平道路，但即使是大型跨国企业也会遇到超乎控制的意外和阻力。在某些地区，自然灾害十分常见，例如亚洲的台风、大西洋上的飓风以及太平洋沿岸区域的地震。

有时一些地区正在经历政治动荡，这可能在转瞬之间就会让营销的效果大打折扣，甚至干脆不起作用。由于社交媒体的发展，对产品相关议题的文化态度可能会突然反转。一家消息灵通的企业会提前做好计划预防这些风险。新兴的文化和政策变化或许是最难收集但也最重要的信息。只有坚持长期、不断地收集不同来源的信息，才能真正理解不断变化的形势。

此处列举的影响因素虽非详尽，但仍能在信息收集方面为企业提供参考，帮助它们在新市场顺利推出产品。下表中的10个因素被分为3组：

表 1　影响全球产品的10个重要因素　　　　　　36

可用资源	社会问题	物质条件
市场受教育程度	文化接受度	气候与地理
金融资源	个人所有权	战争与和平
技术基建	政府支持	
创新环境	个人 / 团队的热忱	

可用资源

目标地区的可用资源对成功至关重要。如果一个国家或地区某方面市场中的人群受教育程度较高，并且具备金融资源、技术基建和创新的沃土，那么在该地推出产品就相对容易。此外，相关信息会揭示一个市场在这些领域的短板，提供弥足珍贵的洞察，帮助企业发现新机遇。以下列举一些问题供信息收集团队参考。

1. 市场受教育程度

● 目标人群的年龄层次及受教育程度如何？

- 他们能否使用电脑？

- 他们是否理解品牌和品牌忠诚度背后的概念？

- 该国 / 地区是否正在着手发展或改变其教育体系？

- 如何使他们理解产品或服务？

- 是否需要翻译？

37   如果该地区在某领域存在优势（比如法国有美食），那么与这个领域相关的产品或服务就更容易进入当地市场，因为人们比较了解相关的市场，更能理解你的产品或服务。因此，销售产品或服务的企业需要获取更多数据来评估某地区对产品的接受或抵触程度。

以法国巴黎综合理工大学（École Polytechnique）和美国卡内基梅隆大学（Carnegie Mellon University，CMU）联合索尼公司的合作为例，三者正在合作开展研发，希望将人工智能技术用于烹饪和送餐。项目主管北野博彦（Hiroaki Kitano）称，索尼的目标是"使大众更熟悉和接近人工智能和机器人技术"。[5]他们面临的问题是团队能否推出让法国人接受的流程或产品。

2. 金融资源

- 该国家或地区人民的富裕程度是否足以购买计划售卖的产品或服务？

- 如要购买产品（尤其是大型或昂贵的产品，比如车辆或奢侈品），他们的积蓄是否足够，是否需要借贷？

- 该国是否有信贷体系？

- 该国或地区的整体富裕程度如何（比如乡村和城市的比较）？

● 该国能否维护分销所需的基础设施？或者该国是否具备该类基础设施？

● 政府是否富裕，能否为进入该国或地区的外国企业提供税收减免或其他优惠政策？

阿里巴巴和腾讯是中国电子商务和移动支付领域的龙头企业，它们正致力于协助中国的医疗行业发展。由于中国人口老龄化迅速并且相对缺乏医院和医生，两家公司正为医疗人员开发辅助诊断工具。例如，阿里巴巴已经投资研发扫描肺部的人工智能工具。[6]

富裕的国家和地区更容易研发新产品和服务，因为那里有足够的资源和较高的教育水平。即使是规模较小、自力更生的公司，也可以尝试与财力雄厚的企业合作，为后者正在研发的新科技提供某些技术支持。

38

3. 技术基建

● 销售软件产品或服务的目标国家在技术方面发达程度如何？

● 该地区网速是否够快？

● 网络用户数量如何，带宽和基础设施能否支撑产品的使用？

● 如果医疗产品需要持续的电力，该国偏远地区电力供给是否足够？

● 该国或地区的商店或场馆是否能提供必要的技术支持？

● 能否轻松地将产品引入当地商店？

● 当地文化是否要求先将产品卖给中间商再进入市场？

- 是否需要其他物品来支持产品或服务？

- 是否有营业税、关税或者其他当地体制妨碍产品或服务的销售？

图舍蒂（Tusheti）是格鲁吉亚与俄罗斯接壤的一个偏远省份，那里偏僻、寒冷又落后。2018 年，一个新项目计划将网络带到图舍蒂，这一改变有望带动该地旅游业和商业的发展。[7] 如果一家企业专营特色旅游或极限运动项目，那么图舍蒂接通网络的消息会为其带来新的商机。在全世界收集有关新事件的消息和数据会为新产品、新服务带来关键的洞察。

2017 年，玛利亚飓风席卷岛国波多黎各五个月后，该国有数十万人陷入了停电的困境（截至本文写作之时，当地仍有许多人无电可用）。虽然电力公司也曾派人进入受灾地区维修基础设施，但由于合同到期和预算不足，最后不得不将维修人员撤回。许多没有恢复电力供应的地方都是山区，那里的维修环境过于严苛。[8] 如果有团队能理解波多黎各人民的苦难和需求，或许能为开发新产品、新服务带来契机。

虽然灾害和苦难实属不幸，但却是产品或服务一展身手的机会，也许它们设计的初衷正是为了应对这样的情况。此外，与最新的赈灾机构合作能帮助改良产品或拓展服务范围。

4. 创新环境

- 该国或地区的文化是否崇尚积极、革新和创意？

- 该国或地区的文化中是否有艺术家、设计师、企业家、未来主义者、投资家和其他创意人士？

由于澳大利亚环境保护主义者认定防鲨网对其他海洋生物有

害，一些高科技企业便合作设计研发了一款名为"西太平洋小悍将"（Westpac Little Ripper）的无人机，它通过处理数十万张图片来识别鲨鱼，准确率高达90%，而裸眼只有20%～30%。[9]这种识别鲨鱼的无人机正是各领域专家合作研发产品的新案例。

此外，中国的科技园区、艺术中心和不断进步的教育体系是国家为创新开辟沃土的典型案例。这些变化主要出现在中国的大城市，但其中一部分也会对农村人口产生影响。[10]

社会问题

目标国家或地区的社会问题与可用资源或客观阻碍同样重要。难以调和的文化差异、怀有敌意的政府、缺乏保护的知识产权和不同的工作态度与职业道德，都有可能帮助或阻碍市场营销。

40

5. 文化接受度

- 该国或地区的文化能否接纳产品或服务？
- 文化偏保守还是自由，或是两者的混合？
- 女性权利是否得到支持？女性有多少购买力？
- 是有很强的言论自由意识，还是有严格的限制？
- 宗教是否盛行，它是否影响产品？
- 是否存在严重的剽窃？
- 早期用户是谁，如何触达他们？

文化接受度可以发生相当突然的转变。由于产品含有大量的糖和脂肪，可口可乐、家乐氏（Kellogg's）、麦当劳和百事等美国企业在智利的销售遇阻。《纽约时报》（ *The New York Times* ）上一篇名为《横扫肥胖，智利消灭托尼虎（家乐氏的吉祥物）》（ Waging a Sweeping War on Obesity, Chile Slays Tony the Tiger ）的文章揭示了社会文化风气如何迅速转变并向他国辐射。巴西、厄瓜多尔和其他拉美国家正在关注智利的情况，也可能采取措施限制引进高糖、高脂食品和饮料。[11]

对该文章中提到的企业，这种变化似乎突如其来，但有关肥胖的议题其实早就登上了某些当地报纸。虽然受影响的都是规模庞大的企业，该类企业都擅长信息收集，但对于这样的社会问题，还是尽早知道为妙。尽早得知信息就意味着拥有更多的反应时间，或许可以改变产品或销售策略，避免伤害企业形象。

在美国，宝马（BMW）、日产（NISSAN）和丰田等外国汽车企业选择将生产线建在南方，因为与北方相比，那里理论上不那么支持工会组织。著名车企克莱斯勒（Chryler）前中国首席执行官比尔·拉索（Bill Russo）表示："这是企业走向全球所要经历的'成长之痛'，你必须应对不同的文化和劳资关系。"[12]

另外，技术成瘾现象也引发了新的文化问题。对其在全球范围蔓延趋势的普遍担忧可能会对软件产品造成影响。在《数字成瘾引发开发者担忧》（Digital Addiction Stirs Worry Even in Its Creators）一文中，作者法尔哈德·曼尤（Farhad Manjoo）写道："以'点赞'系统为基础的数字成瘾和数字操控机制几乎主宰了我们的线上生活，而它的缔造者——脸书前高管们已经警告人们，不要成为数字设备的奴隶。"[13]人们尤其要警惕通过使用这些程序而形成的"多巴胺驱动下的短期反馈循环"（Short-term dopamine-driven feedback loops）。[14]

对数字成瘾的担忧并非新闻。这种情况已在多个国家出现，未来可能促使政府立法限制或禁止成瘾性程序。

6. 个人所有权

- 政府是否尊重创造者的所有权，比如是否有专利系统？
- 政府是允许他人使用你的创造，还是支持你主张所有权？
- 该地区的文化里，产品和想法是否经常被共享？

在某些历史时期，人们没有财产、企业或专利的所有权，它们归国家（或国王、皇帝）所有。主张个人所有权可以促进新产品或服务的研发，并且鼓励人们创造个人财富。那些支持个人所有权的国家或许会有更多积极的企业家。

7. 政府支持

- 该国政府是否鼓励新产品进口？
- 该国政府是否要求披露产品技术或商业机密？
- 该国专利系统是否有效？当地人是否尊重专利权？
- 该国政府是否欢迎产品？是会阻止，还是仿制？
- 该国政府与地方政府是否合作良好？

42

基于不同的产品和服务，企业会从各国和地区政府身上发现机遇或难以克服的问题。在政局不稳的地区，研究该地区的历史和时事新闻显得尤为重要。

例如，某国或某地区由于缺乏电信领域的政府投资，可以引申出许多问题，其原因可能是缺乏资金，也可能是刻意为之。有人认为，由于国家垄断，埃及政府有意限制了其在电信领域的投资。"根据测速网（Speedtest）的数据显示，2016 年埃及的固定宽带下载速度在150 个国家中名列第 146 位，在北非国家中位列倒数第二，仅高于战火肆虐的利比亚。"[15]

与麻烦缠身的地区相反，爱沙尼亚显得十分友好，它正努力通过"电子公民"（e-residency）来吸引人才。[16]安德鲁·基恩（Andrew Keen）在《治愈未来：数字困境的全球解决方案》（*How to Fix the Future*）一书中写道："爱沙尼亚是第一个提供'电子公民'身份的国家，它允许任何经营体量的商人合法使用该国的在线法律和会计服务，以及相关电子技术"。[17]该系统使用指纹、生物特征和个人秘钥建立在线身份识别。爱沙尼亚领导人认为，寒冷的气候和地理条件使该国在招贤纳士方面不占优势，所以决定以虚拟的方式打开国门，打破国境与公民身份的物理界限。

8. 个人 / 团队的热忱

- 在异国他乡，能否找到充满热情的人在产品和服务上提供帮助？
- 能否找到合适的人来组建团队，支持产品或服务的研发、制造、营销和分销？
- 对方的文化是否重视忠诚？
- 对方能否保守计划而不泄露机密？
- 对方是否拥有人际网络，帮助产品开发？
- 对方能否在团队中高效工作，或者以个人形式做出贡献？

- 对方是否拥有良好的职业道德？

成功企业的管理者以热情激励他人，最终带领各自的企业走上巅峰。这些优秀管理者包括亚马逊的杰夫·贝佐斯（Jeff Bezos）、维珍航空的理查德·布兰森（Richard Branson）、微软的比尔·盖茨（Bill Gates）、《赫芬顿邮报》（*The Huffington Post*）的阿里安娜·赫芬顿（Arianna Huffington）、特斯拉的埃隆·马斯克（Elon Musk）以及国际商业机器公司（IBM）的吉尼·罗梅蒂（Ginni Rometty）。同时，他们也启迪了全世界的创业者创建自己的组织和企业。综合来看，个人的热情、适合的团队和良好的职业道德会成为成功的强大支柱。

43

物质条件

多数自然灾害都是难以预测的，但是一些技术已经能用于追踪和评估飓风、台风的强度或地震的强度；但类似的技术面对洪灾或者火灾仍力有不逮。目前，科学家正努力开发技术预测地震可能发生的时间和地点，利用拓扑地图了解洪灾发生的地点和可能的强度或者火灾蔓延的方向。

9. 气候与地理

- 待售的全球产品能否适应不同的气候和地理环境？
- 产品的分销是否受到地理和气候的影响？
- 极端气候或地理环境是否为产品销售提供机会或有利条件，比如极限运动产品或安全设备？

2007 年，我在昆明的郊外拜访了几位住在村子里的老人，他们给我讲述了一个故事。有几个日本商人曾来到当地，鼓励农民种植一种日本蘑菇。由于它在日本价格昂贵，这些商人想在中国以较低的成本种植，赚取利润。一些中国农民被说服，贷款购买了种植蘑菇所需的设备。

44　　　遗憾的是，这些农民和日本商人直到蘑菇大片死亡时才幡然醒悟，这种日本本土蘑菇无法适应中国西南部的气候和地理条件。许多农民因此破产，但更糟糕的是，它挫败了农民面对新机遇的信心。这个例子表明，经济活动需要具备社会责任心并需要熟悉当地情况——作为反例，它同时也说明不了解当地环境可能引发严重的后果。

10. 战争与和平

- 该国或地区是否长期处于战争和动荡中？
- 该国政权是否经常变动？
- 该国家或地区是否面临其他国家的威胁？
- 该国的同盟是否有重大变化？

法国拉法基（Lafarge）集团在叙利亚建有一座水泥厂。2017 年，由于在动乱中撤离出现问题，该集团面临刑事调查和民事诉讼。当时，参战派系的交火逐渐逼近厂房，工作人员甚至已经听到了爆炸声，于是他们只得逃进两辆轿车和一辆送货的面包车里。[18]企业无法随时知道员工是否身处险境，但是收集实时信息能帮助企业评估风险，及时做出关键决策。在拉法基案中，对当地战况进行实时警报会有助于了解风险。

2018 年，肯尼亚政府关闭了 4 家报道抗议的私营电视台。对此，肯尼亚人权委员会认为"政府的行为正向令人担忧的方向发展"。[19]电视台关闭导致广告播出中断，进而对该国的企业造成影响。在更大规模的抗议中，这些问题会被成倍地放大。

总而言之，持续收集某一地区的信息会帮助企业决定是否投入时间和精力。不论面临的是机遇还是问题，获取信息对降低风险至关重要。

十类影响因素的运用方法

对于渴望走向全球市场的企业或个人，之前介绍的十类影响因素可以用来指导信息收集工作。收集信息在当下可谓轻而易举，你可以设置谷歌快讯的新闻推送，或者让同事追踪某个区域的信息。结合经过筛选和验证的数据，这些信息可以帮助你判断并决策是否在某个国家或地区开展项目。

45

目标地区如果有受教育程度高的受众市场、较好的金融资源和较高的文化接受度，对于产品销售来说这些因素都是重要的保障。但是，一个重大不利因素（例如政府限制该种商品的进口）就可能浇灭对新市场的所有热情。

处于酝酿状态的社会或政治问题往往不常见于新闻报道，为此企业需要运用多种手段收集相关信息。当地报纸或博客也许会揭露一些问题（或机遇），比如受众市场教育不充分或者缺少产品分销体系。还有一些重要信息可能用当地语言记录，只会英语的读者则无法理解。

这时就需要翻译服务介入，翻译本身也能提供对当地文化的深刻洞察。需要注意的是，收集信息并不是间谍行为或窃取商业机密的借口。企业应明确地告诫员工，为了帮公司收集信息而进入非公开的数据库或系统是非常不恰当的行为。

在理想情况下，信息收集应该先于设计过程。信息收集过程中的任何担忧都可能成为设计要解决的问题，甚至可能在其中发现机遇。例如，一家儿童用品企业如果发现目标地区的教育水平不足，那么它可以重新设计产品，加入富有教育意义的元素，比如在童装和毯子上印数字、在织物上印字母表等，以此帮助年幼的孩子熟悉这些形状。

许多大型跨国企业都有自己的调研团队辅助决策，但是小企业或许没有这种资源。个人或小企业可以自行调查十类影响因素中的大部分内容，减少法律及其他专业领域的支出。

以上内容虽不能将所有影响因素一一列举，但它为亟待解决的问题提供了解题的大方向，帮助你将产品推向全球市场。

对未来全球产品和服务的设计有何意义

46

妥善收集的数据（经过恰当的筛选和组织）将成为公司和设计师的重要资产。对设计师而言，这意味着在产品研发的不同阶段，团队的规模和组成大相径庭。在设计过程的前期，团队需要来自各个领域的成员，比如社会学家、经济学家、营销人员、国际税务和贸易方面的律师以及相关地区或领域的文化代表。

这些在设计过程早期涌入的大量信息和数据，对设计团队而言极具启发意义，因为它们意味着有更多信息点值得思考。这或许会增加信息收集阶段所需的时间，但也将带来更丰富的潜在解决方案。

根据不同产品的需要，企业和设计师可能会与独立数据检验公司合作。瑞士通用公证行（SGS）的前高级副总裁让-卢克·德·布曼（Jean-Luc de Buman）表示："尽管新科技似乎使独立检验机构失去了用武之地，但大众仍需要一些外部帮助。"[20] 他认为现在供应商给企业的数据如此之多，应该有人提供独立的数据检验服务。对材料、安全性和化学品使用的声明，或者其他任何值得质疑的问题，都应得到检验和证实。在网络信息真假难辨的今天，对数据、新闻和其他信息进行第三方检验显得尤为必要。

因此，设计师更要熟悉统计学，理解和运用统计数字是一项非常重要的技能。通过处理数据或许能发现重要的事实，但样本容量或调研的问题设置，都会影响结果的可靠性。要想运用更多的数据，就必须先确定需要的信息。在 20 世纪 80 年代，设计调研手段逐渐流行，但多数设计师都不知道如何运用人类学家和社会学家为他们收集的信息。直到设计师着手与人类学家、心理学家和社会学家共同制定调研内容，他们才开始获得真正有用的数据。

第三章
Chapter 3

设计过程、设计思维与创新
The Design Process, Design Thinking and Innovation

创造性地解决问题

在各个研究领域，创造性地解决问题有很多种方式。艺术、商业、人文和科学等领域都有各自不同的方法、过程和术语。它们在各自的专业领域中不断演变，纵观全球，今天的艺术家、科学家、商人和其他专业人士都在运用创造性的方法解决各类问题，而不是局限于设计过程。

程序员设法使用复杂的代码攻克难题，但他未必是某个设计过程的一部分。同理，在实验室里奋斗的生物医学工程师寻找疾病的治疗手段，但他或许同样不属于某个设计过程。在许多情况中，创新者会在自身兴趣和激情的引领下，用自己的创造性方式解决问题，其场景和方法可能与设计过程有所不同。

虽然与艺术和建筑等其他创意学科相比，设计领域仍相对年轻，但我还是将它纳入了创造性解决问题的范畴。设计领域首先从艺术和工艺方法上获得启迪。最初，设计是非常艺术和直觉的，不包括如何解决重

大问题，它主要着眼于创造实用又受人欢迎的物品。如今。设计又从科
学和技术上受到启发，开始致力于解决更加复杂的问题。

48

一些过去很简单的问题，在今天已变得复杂。以制造实用工具为
例，如今它还要代表一个品牌，可能还内置了高端科技；除此之外，
它还应符合安全和法律要求，要结实耐用，用材环保。过去，用电咖
啡壶制作咖啡是十分简单的行为，但在今天已变得复杂。插电式咖啡
壶已经过时了，现在人们家中使用的一套咖啡"系统"，它能制作意
式浓缩咖啡、拿铁或美式咖啡，甚至还能打奶泡。

50 多年前，英国设计师克里斯托弗·亚历山大（Christopher
Alexander）发现设计所要解决的问题日益增多且越发复杂。[1]他列举了四
条理由，阐述为什么设计过程需要它自己的方法论。这些理由在今天
依然历久弥新：

- 设计所要解决的问题日益复杂，很难再用直觉应对。
- 解决设计问题所需的数据越来越多，因此没有任何一个
设计师能独立收集到所有数据，更不要说数据处理了。
- 设计所要解决的问题迅速增加。
- 全新的问题正以更快的速度出现，而能用老方法解决
的问题越来越少。[2]

让我们一起来探索设计过程吧！它在未来会不断改良、去芜存
菁。你依然能看到独自奋战的设计师，为了解决问题、发明事物而不
断努力，他们中有许多人因努力寻找解决方案而能被称为创业者。然
而，在复杂问题不断涌现的今天，我们需要更大、更多元化的设计团
队去寻找解决方案。

设计过程

我们之所以称设计具有系统性，是因为它有一套可循环的过程用以找到有效的设计方案。设计过程和设计思维（以及本章稍后讨论的设计推理）会将你带向洞察和创新。

表 2　设计过程

第一阶段	第二阶段	第三阶段
寻找问题或机遇	产生方案	方案评估

49

上表展示了简化的设计阶段，个人或设计团队都会经历这一过程。虽然这里用线性的方式呈现，但各个阶段的持续时间和精力投入均不相同。如有必要，还可以重复进行。

设计过程与在艺术、科学领域上创造性解决问题的过程有所不同，因为它往往将用户体验作为出发点。通常，艺术与设计、科学与设计的影响会在项目里交汇，这些领域会给彼此带来惊人的成果。艺术赋予设计自我表达的能力，而知识则是科学对设计的馈赠。

举个例子，打造椅子的手工艺人会更关注椅子中展现的自我表达，而不是人体工程学。但作为机场座椅的设计者就必须研究合理的使用方法、安全性、人体工程学、材料、制造工艺，甚至文化习惯。

设计过程建立了一个积极（但具有批判性）且鼓励创新的思维体验。它固有的目标是为人与环境创造更好的产品和服务。

第一阶段：寻找问题或机遇

在设计过程的第一个阶段要收集笼统和具体的信息，它们为设计团队提供解决问题的思路。第一阶段中可能需要回答以下问题：

- 竞争对手是谁？

- 如果存在一个或多个竞争对手，对方的产品是什么？为
什么推出这些产品？

- 对方有何优势？

- 对方的客户有何看法？

- 有什么新材料或工艺可以辅助建立竞争优势，或者改善
产品的可持续性？

- 产品的销售对象是谁？销往哪个地区？

50

设计师将时常与研究人员、民族志研究学者、历史学家、心理学家和社会学家合作，了解目标国家、消费者和当地文化。在信息收集阶段会涉及传统的研究方法，比如焦点小组访谈、个人访谈、观察或问卷调查。设计师会利用第一阶段收集的信息，从需要产品或服务的人身上寻找灵感。在进入第二阶段（创意构思）前，设计师会通过与消费者进行访谈来获得洞察，并以此验证问题陈述的准确性。

设计过程的第一阶段使设计师得以检验项目的发展空间。在该阶段可以运用第二章提到的十类影响因素，围绕它们进行调查能够降低项目风险。

例如，有一家大型照明企业由于灯泡破损，其门店一直深受损耗的困扰。因此，设计团队收到的项目简报（或问题陈述）要求他们设计出更耐用的灯泡。但该团队决定先观察、了解灯泡破损的原因。通过在灯泡展示柜安装隐藏摄像头，设计团队观察发现，由于包装上功率等信息的字体太小，于是消费者只有把包装（连同里面的灯泡）拿

起来才能看得清。接下来人们又将它们抛回货柜，这才是致使灯泡破裂的真正原因。

有了这一发现，设计师便将包装上产品信息的字体放大，方便消费者隔着几步远就能看清所需了解的信息，避免了消费者拿放灯泡，也由此减少了灯泡破裂的发生。在该案例中，最初的问题陈述可能指向对灯泡进行重新设计，这将花费大量金钱；而设计团队在项目早期针对问题进行了调查，为这一设计过程带来了更快捷、性价比更高的方案。

第二阶段：产生方案

在设计过程的第二阶段，即产生方案阶段，设计师会综合考虑所有数据，试图从中提炼深刻的洞察，以此解决问题或确认机遇。

51 　　设计师需要综合大量图像、语言和文字信息以产生方案。这个阶段对于不参与设计过程的人而言可能有些神秘，所以设计师会通过各种方式表达他们的构想，比如利用草图、简单的电脑动画、快速建模或是具有一定功能的原型。电脑软件会在这个阶段起重要作用。

未来，人工智能（AI）程序将给予设计师极大的帮助，他们只需输入设计参数，就可以得到自动生成的设计方案。此外，它还能发现隐藏的问题，为部分方案提供数据支撑。而设计师的角色则更有可能偏向整个过程的统筹者和最终方案的策划人。

奥多比（Adobe）、欧特克（Autodesk）、微软等软件企业始终在不断优化产品功能，帮助设计师用视觉手段呈现方案。随着软硬件和打印材料的改进，三维（3D）打印技术也有所发展，它有效缩短了

设计原型的制造时间。同时，生成交互界面设计原型以供测试的软件
也日益完善，尤其是在人工智能、增强现实和虚拟现实领域。

设计思维（与推理）

设计思维贯穿了整个设计过程。它在各阶段的侧重点有所不同，
但总体而言，设计思维是一个灵活、积极又富有批判性的思考过程。
在整个设计思维过程中，设计师会经常通过问"为什么"来探讨产品
或服务为何需要某个特性。这迫使设计师和团队将设计推理和决策的
过程通过语言表达出来。

设计过程的早期阶段经常被称为产品开发的"模糊前端"（fuzzy
front end），因为这时设计师还不清楚设计过程的走向，但这未必
是件坏事。设计师已经学会如何容忍甚至拥抱这种解决问题时的模糊
性。设计领域的创意传奇塔克·维梅斯特（Tucker Viemeister）认为
设计师能在思考新方案时"同时持有相反的看法"，这是一种能帮助
设计师的思维能力，多年来在设计界深得倚重。[3] 对其他学科，尤其是
需要线性思维的学科而言，这种既寻求解决问题又暧昧不明的特性，
会让他们感到棘手或沮丧。

与之相反，对设计师而言，解决问题过程中的模糊性却能辅助整
合各种迥然不同的信息。然而，获得深刻洞察并不意味着解决方案的
诞生——设计师还要运用它来圆满地解决问题。在这方面，设计师应
具备这样的能力：构思一种解决方案后，还能再设想与之背道而驰的
另一个方案。例如，室内设计师会思考，如何在同一个室内空间通过
使用不同的材料，给人营造平静或兴奋的感受与体验。设计师会构想
这些场景，把它们画在纸上或电脑里（视觉化呈现），方便他人理解

52

如何运用。

设计思维的一个重要技能是在整个设计过程中都能意识到自己的想法，确保它不被旧的信念或方法过度影响。这是一种积极且高度自觉的思维方式，它能在设计过程的初期打开解决方案的大门。

设计推理

在《创造力：心流与创新心理学》（*Creativity: Flow and the Psychology of Discovery and Invention*）一书中，米哈伊·奇克森特米哈伊（Mihaly Csikszentmihaly）讨论了创造性人格的二分性特质：他们能运用自如发散思维和聚合思维；在需要的时候，他们像"激光束"一样专注，而需要休息、充电的时候又表现得很闲适。[4]发散思维指设计师开放接纳各种路径和信息，寻求潜在的设计方案；聚合思维则指设计师要缩小潜在方案的选择范围。设计推理，或者说这种在发散和聚合思维间切换的思维模式，有时发生得过于迅速，甚至设计师或团队都难以察觉或有意识地回忆起来。

设计推理看起来就像是数据中无尽的关联性。在设计推理过程中将想法进行组合、比较能获得更多可能的解决方案。设计师也许会一遍遍地思索信息，从中寻找新的或者独特的关联来解决问题。这种构思阶段的推理往往需要视觉呈现的辅助，许多设计师会在进行设计推理时绘制草图。

在设计概念阶段，解释设计方案和推理过程也许需要一些勇气。奇克森特米哈伊将创意人士形容为"愿意承担风险，勇于跳出安全区，打破传统"的人。[5]设计师们一次次鼓起勇气用不同的方式进行思考，甘冒商业文化或社会之大不韪，勇于提出不同寻常甚至有争议的想法。在政治色彩较浓的行业里，挑战传统更是如履薄冰，其后果可能对他人、团队或制造厂商产生不良影响。但设计师总是提出变革，而变革并不总为人们所欢迎。

创新

创新会出现在设计过程的任何阶段。洞察一种可能，或者发现两个甚至多个事物间的联系，都可能激发创新。迫切的需求或其他生活情境会成为创新背后的情感动力。

创新可以是重大突破，也可以是日积跬步的小变化。比如，几个世纪以来蜡烛的蜡和灯芯都在不断进步，而电灯则代表了一次科技的飞跃。马和马车也是如此，虽然本身在不断被优化，但它们的发展并没有直接导致汽车的发明。

回形针是全球创新的绝佳案例。20 世纪初，它在大西洋两岸经历了数次更新换代。当时世界上不同地区的人们都在想尽办法把纸订到一起。他们想过用大头针把纸穿在一起（有时会扎到用户的手），或者用 T 形针（也很容易扎手）固定，最终圆润的宝石回形针（Gem paperclip）出现了。这一进步源自宝石公司发明的回形针生产机器。宝石回形针不仅不会伤到手指，还不会扎穿纸张，因此在全世界获得了成功。[6] 然而，回形针也无法免于未来发明的影响，如今它的需求量可能已经面临萎缩。随着文件逐步数字化，回形针也许会步纸张之后尘。

在设计过程中，设计师通常期待创新发生在第二阶段（产生方案阶段），但启发创新的深刻洞察却会在任何阶段出现。过程中可能有新的信息输入，它可能来自数据或评论，也可能源自新的材料、调研和科技。

　　不论是思考还是动手操作，只有积极投入问题中才会产生重大的突破和创新。在《创新的艺术》（*The Art of Innovation*）一书中，汤姆·凯利（Tom Kelley）告诉我们"不论是艺术、科学、技术还是商业，灵感往往来自务实的行动"。[7] 设计师或发明家必须投入问题和过程中才能获得灵感。如今，设计过程是一个以行动为导向的沉浸式体验，它通常需要工程师、制造专家、社会科学家、营销人员、设计师和其他任何相关专业人士共同参与其中。因此，设计师必须对潜在的解决方案或创新保持积极而批判的态度。

　　举例来说，如果要为孤寡老人设计新的挂号服务系统，那设计团队就要与目标受众进行交流。团队应与老年患者产生共情，审视如何改变现有的系统，以求缓解患者的不安情绪，使整个体验更便捷舒适。也许创新可以很简单，只需增设一个接待服务岗位，在整个挂号流程中陪伴在病人左右即可。

　　或许还可以开发一个新软件，让病人能在家中输入信息，开始挂号。再或许设计师可能在访谈交流中受到启发，结合图像识别和虚拟现实领域的最新科技，为所有患者创造一个新的挂号系统。

　　当自动柜员机（ATM）问世时，许多人仍习惯于在银行有限的营业时间内和真人柜员互动。从随时取款的角度来说，自动柜员机是个绝妙的发明。但部分客户怀念与真人互动的感觉，而且对科技持怀疑态度，担心它们会出错把钱转到别的地方。后来，自动柜员机的技术升级，能直接将支票存入账户，这再一次加深了人们对它的焦虑。第一次体验时，我也产生了怀疑：我的支票真的存入正确账户了吗？最终，随着服务和功能的不断改进，人们对它的信任也与日俱增。其实，许多自动柜员机服务设计的背后都有设计团队的功劳，他们对银行顾客和自动柜员机用户都进行了深入的调研。

然而，时移世易，创新不息。网上银行和手机支付的流行或许会让自动柜员机渐渐被淘汰。但人们经由自动柜员机的服务已经建立了对电子转账的信任（和习惯），所以智能手机转账也不算是重大变革。或许现金的逐渐消逝才算得上是对未来的颠覆。

今天的中国几乎已经进入无现金社会，他们跳过了西方对信用卡的痴迷。如今，分享型社会更提倡简便、快捷的金融转账方式。在中国，你只需要手机和一些应用软件就能实现预约停车位、支付餐费和借钱还款等许多功能。这些转账方式也将在其他文化中流行，因此有必要把它们设计得更安全可靠一些。

如果无现金社会成为现实，当你回首过去，可能认为这是一次创新的飞跃，但事实上它是由一系列小的改进和创新积累而成的。到时候你还需要钱包吗？回答可能是否定的。今天钱包的功能是携带现金、信用卡和身份证，未来它们或许会步手表后尘，成为一种时尚宣言。

自动驾驶也是全球创新的成果。世界上许多地方的人们都在为这一共同目标而努力，他们的创新逐渐累积，最终缔造了无人驾驶汽车。虽然这种汽车已经问世，但依然有许多困难要克服。它需要在文化上被接纳，也需要更先进的安全技术、完善的法律法规和成功的商业推广模式。

创新未必要以技术为基础。对设计师而言，寻求非技术性解决方案也很重要。类似新的耕作方法、艺术创作方法、预防疾病的洗手方式等，都是非技术创新的例子。最近，为低收入人群提供小微贷款被视为一种社会创新。博客作家路易斯·拉贾·费尔南德斯（Luis

55

Rajas Fernández）在领英（LinkedIn）上提到了许多创新商业模式，比如吉列（Gillette）引入一次性剃须刀片。[8]同样，相机和胶卷、吸尘器和尘袋、打印机和墨水，以及自动糖果售卖机这样的可再充装产品，这些都成了商业上的创新。

第三阶段：评估方案

设计过程的第三阶段，也是最后一个阶段，是对解决方案进行评估。该阶段设计师可能会提出以下问题：

- 该方案是否能解决最初的问题？
- 该方案真正解决了问题，还是产出了没有必要的产品或服务？
- 该设计对顾客或企业是否起到了预想的效果？
- 它是否对新产品或服务的全部或部分满足要求？
- 是否还有改进的空间？
- 是否需要根据设计过程中的新知识重新审视最初的问题？

56

在最后这个阶段，设计师或团队会进行设计调研，通过观察、用户测试或问卷调查来收集消费者或用户的反馈。这些数据将用于产品评估。倘若结果不尽如人意，团队可能会回头寻找新的方法或机遇。

设计师和团队会在这一阶段建立测试原型。细致的原型或虚拟体验可以通过传感技术采集到更精确、科学的用户反馈。你可能不再需要问"这个产品或服务感觉如何？"之类的问题了，从个人身上采集的传感数据会告诉你答案。

　　未来，传感技术将面临两大问题：道德准则和用户研究。比如，测试用户在观看特定图片时，研究人员通过传感器采集了生理反应数据（如瞳孔扩张度、心率或血压），那么在对方不知情的情况下公开这些数据就是非常不道德的行为。

　　可惜的是，由于企业急于推出产品或服务，设计过程的第三阶段经常被缩短。一个产品或服务进入市场后，销售数据往往就成为衡量成败的主要指标。但我们需要更可靠的产品评估，其维度包括生产质量、易用性、市场营销和设计过程等其他相关信息。这些问题会极大地影响后续产品的成功。对团队而言，考虑这些问题也大有益处，他们可以回顾哪些过程进展良好，哪些则需要改变或者改进。

大数据支撑下的设计调研

　　未来，大数据会产生更多洞察，为设计团队的问题陈述提供信息。调研会帮助设计师理解待解决的问题，更多的信息和数据会催生更多可能的方案。许多常见的调研方法能帮助设计师理解用户或消费者： 57

- 观察
- 个人访谈
- 焦点小组访谈
- 参与式研究

　　在设计过程的第三阶段（评估方案阶段），设计调研能帮助设计师和团队评估想法。这能帮助团队发现原设计中的问题，以此对设计简报做出可能的调整。许多西方常用的传统调研方法（比如个人访谈或焦点小组访谈）在其他文化使用时需要进行有针对性的调整。西方消费者或许已经习惯于问卷或者焦点小组访谈，但这些方法还没有完全被其他文化接受。

2005年，一家美国软件公司在中国香港对软件界面进行评估，希望了解青少年对新界面设计的看法。最初，焦点小组访谈采取男女混搭的形式，但设计团队（我也是其中一员）很快发现，青少年在异性面前很羞涩，不愿意说话，所以我们按照性别重新划分了小组。

但即便如此，青少年还是太害羞，不愿就是否接受新界面设计发表自己的观点。最后我们提出了一种新方法，将焦点小组访谈法稍加修改，我称其为"友人结伴法"（bring a friend）。我们发现当有信赖的朋友在场时，青少年会更轻松健谈一些，对交互界面提出的修改意见也更有启发性。有时朋友间甚至还会意见相左，引发讨论，从而提供了比预想更多的数据。

150多年来，西方消费者已经很熟悉市场营销和评估的方法，但西方文化崇尚个性和冒险的特点并不具备普适性。有关文化和研究方法上的细微差别，设计师应更加敏感谨慎，在保证良好调研实践的同时，对调研方法尽可能地做出调整。

对设计的未来有何意义

由于设计要解决的问题日趋复杂，它在未来扮演的角色也将延伸。设计作为一种过程，在未来将会发生变化，更多领域的专家会发表意见，更多消费者能参与其中，也会有新的方法帮助设计师进行调

58

研、获得洞察。

设计过程、设计思维和创新都将受到大数据和人工智能的影响。虽然新技术能提供帮助，增加可获取的信息，但也使决策更加复杂。

在全球层面，思想传播的速度和鼓励创新的力度都会影响产品创新（并由此影响产品设计）。一些国家或许由于缺乏重大创新所需的资源、人才或基础设施，转而关注其他重要事项，比如保证粮食安全或对抗疾病。

大数据与改良后的调研方法将为设计师、设计团队和创新者提供更多有效信息用于探索解决方案。人工智能将辅助设计师进行数据整合和模式识别，在医疗和法律领域尤其能发挥巨大作用。未来，设计师需要与数据检验人员合作，评估大数据给出的假设。不可避免的是，黑客和数据造假仍将带来重大风险，但届时也会出现新的技术来侦测和限制这类行为。

设计师和企业或许会开始尝试用智能软件生成方案。现有的软件能生成无数的形状、材质和颜色以供选择，方便动画师、传达设计师、数字媒体设计师和产品设计师进行审美上的评估。对于服务设计，人工智能能为产品原型与模型生成文字和图像方案，方便团队展开评估。当下的设计师们未必会喜欢这些变革，但新一代设计师会自然而然地熟悉这些新科技。

未来，为其他设计参与者捕捉设计推理的细微之处会变得越发重要。设计师需要记录和诠释产生方案的洞察，但设计推理瞬息万变，很难抓住思维过程中的所有细节。但最好是能将设计过程记录下来，以便随时回溯，回顾重点或做出选择的分岔点。

设计师还需在不同文化中进行用户调研，某些文化可能不理解西

59　　方的调研方法，或者无法对其产生回应。此时，设计师可以选择其他方法，但仍应秉持良好的调研实践，比如遵守道德规范并秉持严谨的态度。我强烈建议设计师与专业的调研人员共同合作，确保使用的方法符合道德标准和最佳实践要求。

在某些情况下，全球产品的创新可能更像一个全球化的"团队"任务，特别是对于那些大规模、多方面的综合挑战，比如探索太空旅行商业化、保护环境，或者为发展中国家提供食物等。将来会有更多来自世界各地的团队，为同一家企业（或机构）、同一个挑战并肩奋斗。

不论挑战是否艰巨，面对大大小小的问题，社会始终需要美观、可持续的解决方案。

第四章
Chapter 4

优秀产品设计的属性
Attributes of Great Product Design

如果问过去的设计师"一个产品最重要的是什么"，有人会回答 60
"是审美，产品不好看就不会畅销"。对他而言，色彩、形状、纹理
或构图等物理属性是最重要的。还有人会说"功能要强大、使用要简
便、要符合人体工程学"，又或者"要有可持续性、价格合理、做工
要好"。而如果问一个当今的设计师，他会说以上都很重要，而且还
不止于此。虽然产品不同，设计的侧重有所区别，但不变的是设计师
为用户、消费者将细节做到最好的目标。

设计属性

糖果粉碎传奇（Candy Crush）、苹果平板电脑（iPad）、特斯拉、
珍珠奶茶、星战电影、耐克鞋还有小冰（人工智能虚拟伙伴[1]），是什
么让这些各不相同的产品和服务在广大市场中获得成功？它们有哪些
共性？人们在使用产品的过程中会形成体验，并产生情感上的反馈。
不论是竞技游戏、时髦的科技产品、环保的汽车、名字新奇的饮料、
英雄主义动作电影、吸引人的运动鞋，还是人工智能伙伴，它们都满

足了消费者的需求，带给他们积极的体验和情感。这虽是概而论之的说法，但产品和服务的体验确实能带领人们走进当下，通过感官提升意识。

61

表3　卡根和沃格尔的产品属性

情感	产品或服务唤起的感受与情感
美学	产品或服务带来的视觉、言语、触觉、听觉、嗅觉和味觉体验及其感受
识别	产品或服务的个性、背景和时间表达——如何与消费者建立联系
人体工程学	产品或服务的易用性、安全性和舒适性
影响力	公司的道德、社会和环境行为，以及如何与消费者建立联系
核心技术	产品所用技术的可靠性和有利性
质量	产品或服务的工艺、制造和耐用性[2]

为了进一步探讨体验，我会先讨论引发人们反馈的产品属性。在《创造突破性产品》（*Creating Breakthrough Products*）一书中，乔纳森·卡根（Jonathan Cagan）和克雷格·沃格尔（Craig Vogel）将产品价值分解为不同的属性，它们决定了产品是否有用、易用和是否受欢迎。书中还列出了蕴藏价值机会的属性（见表3）：情感、美学、识别、人体工程学、影响力、核心技术和质量。以上属性都会对产品的整体体验产生影响。[3]

文化信念与体验

62 对产品或服务的价值评估很大程度上取决于人的内在信念，后者又大多源自周边的文化、政府、家庭或朋友。因此，对一个产品的喜爱与否能折射出人们的信念。在体验产品或服务时，你会赋予它意义，与它建立情感上的联系。

对产品的感受可以作为重要线索，揭示人的价值观和信念。对某些人而言，拥有奢侈品让他们手足无措；而对另一些人，奢侈品使他们感觉良好。当看到别人拥有奢侈品时，你会为他们感到高兴，还是会对此进行批判？为什么有人想要拥有如此昂贵的手表？或许你会觉得佩戴贵重的手表让人浑身不适，又或者认为这是一种铺张浪费。那么豪车呢？豪宅呢？对许多人而言，奢侈可能意味着拥有自由的时间，而与购物毫无关联。

福特汽车创始人亨利·福特（Henry Ford）说："给顾客想要的任何颜色，只要它是黑色的。"福特考虑的是制造效率——因为黑色油漆是干得最快的。今天，汽车业已发展成为最具表现力和情感的产品之一，每年都有新的款式和颜色。1990年，当时尚、高雅的英国车企捷豹（Jaguar）被美国福特汽车公司收购时，它的设计也为之一变，变得更具有男性气质和力量感。这种风格似乎反映了当时的美国文化，类似风格在便携音箱、摩托车和运动装备等产品中也屡见不鲜。

汽车广告往往会揭示消费者的性格特征，比如买克莱斯勒敞篷车的人比较"无忧无虑"，买福特面包车的人是"居家好男人"，而买道奇卡车的人则更偏向于是"硬汉"。为了吸引消费者，未来的自动驾驶汽车广告也许会有所不同，可能会把安全、便捷、省钱和无拘无束的驾驶体验作为卖点。

优秀的产品设计和附加价值

从低科技含量、低成本的家庭用品到高科技的实验室设备，优秀的产品设计可谓无处不在，它可以是一件价格低廉的基本款服饰，也可以是昂贵的太空服。不论是为了娱乐还是实用，产品都必须设计精良，给用户提供出色的体验。

63　　　然而，如果不了解文化差异，就将产品迁移进新的文化环境是有风险的。在某个国家被接受的东西，或许被另一个国家的人们所忌讳，这会使你疏远、甚至冒犯潜在客户。举例来说，一家德国啤酒企业推出过"越淡越好"（lighter is better）的广告，这在一些人看来非常无礼。[4] 瑞典快时尚品牌海恩斯莫恩斯（H&M）曾在英国召回过一批衬衣，因为上面写着"丛林里最酷的猴"，在相关的广告里还有一个黑人小孩穿着这款上衣。对许多人而言，这非常有冒犯性。但品牌方解释说，他们以为时尚界节奏很快，不会注意到这些有问题的产品。为避免再次发生这类情况，该企业计划运用人工智能程序监测产品，检查潜在的冒犯性标语或字词。

　　　如果你知道在汤姆斯（Toms）每买一双鞋就会有一双类似款式的鞋捐往贫困山村，那比起其他不做慈善的品牌，汤姆斯可能会更受青睐。不过，这些鞋一定同时具备漂亮的外观和较好的舒适度，在生产过程中对环境和工作者的伤害也尽量降到最低。由于该品牌的使命是帮助他人，所以消费者会更信任这个品牌并给予支持。[5] 这会让人觉得是在用购买的方式回馈世界。

客户、用户和消费者

　　　当消费者为自己购买产品时，比如家具，他们或许会问自己这些问题：

- 我喜欢它的外观吗？

- 我买得起吗？

- 它耐用吗？经得起一大家子和宠物的折腾吗？

- 它使用起来是否舒适？

- 它是否贴合我的生活方式？

- 这家公司是不是"良心企业"（是否回馈社会、工资是

否合理）？

如前文所述，如今企业的道德水平会影响品牌对消费者的感召
力。这家企业是否回馈社会、重视环境？是否尊重外籍员工？随着企
业的品牌构建，这些方面将变得更加重要。

64

在用户和消费者的关系方面，购买婴儿用品的父母是很好的例
子。他们购买这类产品是为了让婴儿使用。但像安抚奶嘴这样的产
品，设计中会试图同时吸引父母和孩子：夜光材质能使父母在黑夜里
更容易找到奶嘴；而固定夹则使其不离婴儿左右，自然的吸头设计也
更能吸引婴儿。

随着软件的普及和用户测试的兴起，"用户"和"终端用户"这样
的名词也逐渐流行。"用户体验"引起了软件设计师的兴趣，他们用
观察、个人访谈及相关技术来评估软件的易用性和满意度。对用户满
意度的研究有望带来积极的整体用户体验。

人们在娱乐、医疗和旅行等方面的体验与相关反应也不尽相同。
我们会期待娱乐活动能带来快乐的体验。医疗体验虽然无法指望使人愉
快，但至少不能难以忍受。比如自动值机柜台或车库闸机的故障就会让
人备感糟心。如果正好赶时间或者觉得被拖了后腿，那受挫感会更强

烈。这些问题其实为企业和设计师提供了空间和机会去改进和革新这些产品和服务。

未来，来自全球消费模式和用户评价的数据会为设计团队提供线索，帮助他们了解不同的文化。拥有这些数据的企业或组织，能从中了解人们在购买什么、对产品或服务有哪些看法，以及愿意为此付多少费用。在中国，阿里巴巴正通过数据研究消费者，了解他们想从杂货店获得怎样的消费体验。这家以用户为中心的企业，正在关注手机购物、移动支付和外卖配送等服务体验。[6]在美国，亚马逊正利用数据开发自己的产品，并将与其平台上的其他品牌展开竞争。由于它能获取竞争对手在售产品的销量和售价信息，所以它确实有得天独厚的优势。

65

你是否属于目标市场

如果你不喜欢甚至讨厌某个产品或服务的体验，可能是因为当天心情不好，但也可能是因为你并不是这款产品或服务的目标受众。

下次购买某个商品前，你可以试着思考一下自己是否属于它的目标市场或人群，这款产品是不是为你而设计的？如果是，那么可能它的设计就是为了迎合你的价值观和情感。我们喜欢的产品能催生正面情感或减少负面情感。产品或服务能让我们觉得自己很聪明、富有、时尚、有魅力，或者务实、谨慎、勤劳、有为。比如，做水疗（SPA）能让人重新焕发活力，因为它的服务设计就是为你提供精心护理，让你放松身心。又如一件简单的园艺用品可能是你的最爱，尽管它意味着繁重的劳作，但它是祖父赠予的礼物，这赋予了它更多的意义和价值。

　　每个人都有过不尽如人意的产品体验，可能是不称心的礼物，或者是尺码不合适的衣服。也许你不支持某个品牌或服务，是因为你不赞成它的企业信条。负面情感往往会致使人们拒绝某个产品和服务。

　　未来，得益于更多的数据和测试，产品的市场定位会更加精准。产品或服务的目标市场所产生的数据，则将用于判断下一代产品是否具有成功的潜力。如果实时采集的销售信息表明市场活跃度较低，那某些产品的生命周期可能会被缩短。

经典产品的属性

　　顾客和消费者经常会问，什么样的产品才能历久弥新，或者说成为"经典"。说起经典产品，我们的脑海中会浮现出卡地亚（Cartier）、香奈儿（Chanel）和路易威登（Louis Vuitton）这样的品牌。这些公司在数十年的时间里建立起了自己的品牌，并以良好的设计和生产质量闻名于世。经典产品经得住时间的考验，它们被许多文化所接纳，保值能力强而且大多有识别度很高的特征。

　　经典的设计往往具有某些特点，能在视觉上产生连续性，比如记号、商标，或者独特的材质。例如，卡地亚腕表因其表盘款式举世闻名；香奈儿的产品简洁、大胆，带有双"C"相扣的图案；路易威登则有由"L"和"V"组成的记号。

　　1985 年，斯沃琪（Swatch）腕表引入了极富视觉吸引力的新设计和材料，当时它被认为是一款相对不那么昂贵的腕表。时至今日，老款斯沃琪手表已经成为收藏品，一些原创设计也已被奉为经典。虽然和卡地亚、劳力士这样的品牌相比仍然算不上昂贵，但斯沃琪已凭借

66

一贯优秀的设计树立了自己的品牌。

始终如一的外观虽然是打造品牌的经典法则，但蔻驰（Coach）是一个有趣的例外。蔻驰在经典包具领域久负盛名，是专业人士的最爱。它以强韧的黑棕色皮革、简洁的线条、结实的缝纫和黄铜配件而闻名。2010 年，为了在全球吸引更年轻的消费者，蔻驰设计了新的系列包具，并凭借其多彩的线条大获成功。新款蔻驰包具以全新的品牌形象，吸引了更年轻、时髦的受众。该品牌虽然依旧保留了经典款包具，但它已经向前迈进，大胆尝试其他的设计。[7]

从 20 世纪 80 年代开始，日本动画等一些新媒体产品逐渐崭露头角，它们的主题极富感染力，叙事方式通俗易懂，因此在全球流行开来。哆啦 A 梦（Doraemon）、宝可梦（Pokémon）、美少女战士（Sailor Moon）和龙珠斗士 Z（Dragon Ball Z）等一些动漫作品或许会被奉为经典。此外，体育纪念品和其他收藏品如果能为人们所了解与喜爱，那么它们也能成为经典。表 3 中所列举的卡根和沃格尔总结的某些产品属性（比如美学标准和识别）也许就能奠定一款经典产品。

产品和服务的未来

67

优秀设计的标准会与时俱进。今天广受称赞的设计，或许在未来会显得简单和天真。将来，产品和服务可能会接入物联网——物品之间能进行互动，或被接入互联网。未来产品的感知能力会更强，也能更直接地判断在不同场景下该做什么。从全球来看，这看似将是一场巨大的变革，然而许多技术今天已经存在，只是还未普及。

为契合不同的"微文化"（micro-culture）需求，企业需要对更多产品和服务进行调整。人工智能手段能更简便、快捷地对进入某个国家或地区的产品或服务进行改良，将品牌风险降至最低。

产品将不再只聚焦人类，而是将生态系统也纳入设计的考量范围。有关后者的担忧早已有之（比如对象牙和雨林柚木的使用），但在未来会变得更加普遍。数十年来，人类一直是设计的中心，未来也将延续这一特点。但在全球变暖和动物灭绝的阴云笼罩下，其他因素将会愈加受到重视。

未来产品对性别的定位或将不会那么具体。原本专为男性或女性设计的产品，两者的区别将在未来变得模糊。随着文化和生活方式的持续改变，对企业而言，不设定产品的用户性别将会更容易。杰克·迈尔斯（Jack Myers）在《男性的未来，21 世纪的男性气质》（*The Future of Men*，*Masculinity in the Twenty-First Century*）一书中指出"未来，男性和女性在社会、文化和商业中的角色将经历数十年的演变……只有当我们的社会能同时包容异性恋和性少数（LGBT）人群自由地表达生活时，我们才能学会更平等的合作方式"。[8]

未来我们身边的物品会更少。由于许多硬件活动被整合进软件功能，实体产品的数量会减少。内森·谢卓夫（Nathan Shedroff）在《设计反思：可持续设计策略与实践》（*Design is the Problem：The Future of Design Must Be Sustainable*）一书中提出，与其单纯地设计下一代手机，未来的设计解决方案也许更应探讨手机存在的必要性。[9]

在未来的设计中，人造硬件也许不再是问题陈述的预设结果。你可以从整体需求着手做出更能融入生态系统和生活方式的设计。

人类与其拥有的物品也将不断地协同发展。人们在使用实体物品时会产生情感依赖。乔赛亚·卡汉（Josiah Kahane）在《设计之形》

68

（*The Form of Design*）一书中阐述了对"后实物社会"（post-object society）的思考：

> 是的，我承认未来一些高度实体化的产品会在生活中消失，但肯定也会有新的实体物品出现……我们不会无物可看、可触、可闻……要记住，人类对装饰的偏好和创造工具的能力一样无穷无尽。我们将延续人类和人造物品间的关系，虽然这些物品的本质和形式可能会发生深远的改变。[10]

优秀设计的属性会随着文化内核的变化而改变。未来，人们或许将不再需要大多数产品。如果便利和成本是消费的关键因素，那么未来的经济可能会更倾向于以服务为导向，提供一系列契合生活方式的租赁选择。对未来的你而言，新的休闲是什么？安全又是什么？什么会成为新的财富？或许你能从新兴科技和文化趋势中窥见问题的答案，但我们很难确切知道它们将来的价值。有些属性可能会成为普遍的共性，引起人们的广泛共鸣，而另一些则十分独特，以某一文化为具体核心。后文将探讨如何促成这些产品属性，以及未来它们会发生怎样的变化。

对设计的未来有何意义

设计师将用更多时间理解全球设计所需的领域和背景，并且探寻有效方案所需的一切。为提供有意义的情感体验，他们要深刻理解设计的文化背景，这可能需要在设计过程的不同阶段进行更多的用户调研。设计师能帮助企业规避风险，避免产品或服务进入不接受它们的文化。长远来看，这将为品牌增添价值。

设计师还要与市场人员共同努力，诠释企业的道德标准和使命，这两者也是品牌价值的一部分。他们需要传达品牌对世界的影响，不论被影响的是动物、气候、生态、人类，还是以上所有。此外，他们还应当传播以服务为导向的员工活动，并将其视为品牌影响力的一部分。

随着文化的变迁，我们面对变化时可能会感到赞同或恐惧、愉悦或兴奋，这取决于我们身处的环境和心中的信念。企业和设计师也要应对这些快速发生的改变，在良好的数据、充足的信息和优秀设计团队的帮助下，相信他们会做得更好。

第五章
Chapter 5

创意空间
Spaces for Innovation

从某些角度来看，创意可以出现在任何地方，并不需要特别的环境。人们总能利用任何现有的物品或空间进行创造，比如车库、厨房料理台或后院。也许车库和料理台是不得已而为之的选择，但它们都是你熟悉的环境，身处其中会让你感到自在和舒适。放松的环境使你集中精力思考问题，所需的工具近在咫尺，手边有速写本和铅笔，桌上放着熟悉的笔记本电脑和一杯咖啡，这样的工作体验实在美妙。

而今，只要有合适的空间和设备，很容易在工作中营造一个促进设计和创新的实体空间。本章会回顾一些案例，探讨公司如何通过营造空间来支持设计和创新。其中既有舒适、私密的环境，也有更大的空间用于团队讨论和思辨批判；另外还有一些空间大小介于两者之间，适合完成一些特殊的任务，比如制作模型、用户测试、影像记录，以及同事间的低声交谈等。未来，也许还会有足以容纳大型团队和最新沟通科技的虚拟和实体空间。

对处在设计过程中的团队而言，在工作现场拥有理想空间非常重要。它不一定要造价昂贵，也并不需要找专门的室内设计师打造某种特定的"外观"（虽然也完全可以这么做）。这种实体或虚拟（或者两者皆有）的创意空间，能为团队的各种活动提供更多操作空间。团队讨论、头脑风暴、绘画、反思调研、展示、记录以及其他活动都能在这个空间里实现。此外，团队成员还需要安静的空间，置身其中，他们可以反思、阅读和倾听自己的想法。

71

　　如果小组成员身处世界各地，可以通过虚拟空间把他们聚到一起；如果成员还身处不同的时区，全球合作就会遇到一些困难。当团队规模随着项目的复杂性而增长时，挑战也会随之增加。对此，办公家具与环境领域的斯蒂尔凯斯和生成软件开发领域的欧特克正在研发支持创新的工作环境，这将为全世界的创新活动营造新的实体和虚拟空间。近年来，人们开始运用大数据捕捉趋势、用人工智能预测最佳解决方案、改良测试所用的虚拟空间，由此我们的工作空间也将相应地发生些许变化。

　　如今，许多企业已经拥有设计友好的工作空间。一些刚接触设计和创新过程的企业或国家也可以在这方面进行投资。如果缺乏资源、实体空间或管理上的支持，设计团队会陷入灵感匮乏的环境中，难以获得惊艳的创意。缺少必要的刺激和创作空间会阻碍设计师产生新的构思。

　　如前文所述，中国已经在一、二、三线城市投资建设了创新科技园区和艺术中心。北京、上海、深圳和无锡都已在市中心和周边建有数个创新和艺术园区，以此支持新兴企业和品牌。这标志着以上城市正大规模支持创新，而且有资源支持将保障其落到实处。

　　政府在创新和设计领域的投资也引发了一系列思考：

- 未来需要怎样的实体空间来支持设计？

- 实体空间是否必要，设计能否完全在线上完成？

- 咖啡店等办公场所以外的"第三类空间"会有怎样的
发展？

72　　　本章将探讨通过优化实体空间来支持设计工作和设计思维的优
势，也将思考在线和虚拟工作需要哪些支持，以及工作场所将有怎样
的变化。

旧的模式，旧的优势

　　员工每天到公司报到，一天大部分时间都坐在办公桌前——这种19
世纪的工作模式正在悄然改变。这种模式传达给员工的信息是：公司支
付员工工资，所以员工要待在随时能找到的地方。在美国，一些年长
的员工可能很熟悉这种管理态度——"直到退休为止，你都是属于我们
的"。一些行业的工作模式正在逐渐转变，但让许多员工失望的是，旧
的模式和标准依然顽固。今天许多开明的雇主想让员工认为"我喜欢在
这工作，我能在这里找到灵感"。但对于争夺顶尖人才的高科技公司而
言，它们想问员工"和我的竞争对手相比，你们是否更喜欢这里呢"？[1]

　　旧模式的一个优点在于，当你想找某个员工时，总能在工位上找
到他。当然，今天有许多找到同事、相互沟通的方式。未来工作中，
许多企业会改变铺张浪费的工作生活方式，因此人必到岗的工作模式
会变得宽松。美国一些大型科技公司已经开始为员工提供补贴，让他
们远程办公，撤离价格较高的旧金山、加利福尼亚等地区。博客平台

WordPress 的母公司 Automattic 的创始人兼首席执行官马特·马伦韦格（Matt Mullenweg）就提出为在家办公的员工发放津贴。[2]

城市总部、郊野园区，皆得或皆舍

城市总部和郊野园区，似乎是吸引企业的两种主流空间。但有迹象表明，这些环境可能会随着通信软件的发展而变化，城市空间会更加昂贵，而对实体空间的需求会不断减少。下一节中，我们会看到许多城市正未雨绸缪，对城市进行升级，希望保持对企业的吸引力。

智能响应城市空间

历史上，城市建设并非总是以人为核心。许多城市设计是为了满足交通的需要，不论是最初的马和马车还是之后的汽车。不少城市是围绕着一座城堡、一个物流中心或一个工厂而建成的。苏兰赫尔辛基的第一位首席设计官安妮·斯滕罗斯（Anne Stenros）相信，人类才是城市设计的核心。[3]她认为，城市的规划与设计要为子孙后代着想，服务于"更崇高的目标"，"城市会不断进化，从'智慧城市'到'智能响应城市'……城市有能力也应当服务于所有人，成为想法、灵感和创意不断涌现的所在"。[4]

未来的智能响应城市能以多种方式回应居民，城市基础设施将普遍搭载传感和其他科技，并能与个人设备相连接。科技和智能响应城市将使导航更简便、生活更安全，人们也能更轻松地了解各种事件，发现娱乐、教育机会和身边的停车位。想象一下，如果你正驶向某个犯罪高发

73

地区，系统会发送警告提示你小心避开；当有朋友在附近，系统会向你发出提示。以上一些场景其实都已实现，只是尚未普及。

亚历山大·伦兹（Alexander Renz）和约亨·伦兹（Jochen Renz）是新移动咨询（New Mobility Consulting）的管理合伙人，他们通过重新思考城市设计和汽车保有量，为企业、创业公司和投资者提供建议，帮助他们在未来取得成功。

> 在探索未来移动出行的过程中，我们从全局角度思考新兴的移动出行生态，发现它已经远远超出传统的汽车价值链（value chain）。我们相信，移动出行作为一种服务会对公共交通、汽车销售、售后服务、保险以及房地产等其他部门产生深远影响。事实上，对移动出行和交通进行再设计，将使我们得以回收许多停车空间，建造更多步行区域、街边咖啡店、公园和游乐场，从而重塑整个城市，让它更宜居、更有活力。
>
> 由于具备互联互通、自动驾驶和共享功能的电动车辆粗具雏形，移动出行和交通正经历前所未有的变革。随着科技更新逐步加速，传统的产业价值链得以转型为移动出行新生态。新的商业模式将涌现，这将从根本上改变我们作为消费者对移动出行消费（和汽车保有量）的看法。[5]

74　　从另一方面看，城市交通与个人设备技术如何共存的问题还有待解决。在中国的一个城市，因为人们总是边走路边看手机，市政府专门为盯着手机的低头族设立了步行区域。[6]也许未来当你步入危险区时，虚拟私人助理会提醒你抬起头来，或者它可以悄悄告诉你周围有什么餐厅、提醒你不要忘记约会，还能提示你选择合适的交通方式。

这些服务在独自漫步时能为你提供许多帮助，但如果你正和朋友边走边聊，那虚拟私人助理的提醒反而可能会分散你的注意力。

对公司而言，在城市选址的一个主要优势在于，都市的活力会刺激竞争和创意精神。身处城市，利于员工方便地利用城市设施，从中获取灵感，或者释放工作压力，从而得到休息。城市中往往可能有更多卓越的员工，在大学周边或竞争对手林立的地方则更是如此。2015年，全球领先的协同设计公司晋思（Gensler），发表了名为《未来的工作场所》（The Future of Workplace）的设计趋势展望报告。该报告显示，企业在选择城市还是郊区办公上存在一些倾向，最明显的是企业倾向于在公交系统附近选址，鼓励员工骑车或步行。[7]所以，企业真正面临的问题不是城市或郊区二选一，而是选择合适的环境与周遭的活动和设施。

许多企业在需要扩大或缩减规模时，会租用或出租空间。另一些企业则会根据情况安排弹性空间，比如把会议室改成临时展览空间，或者把仓库改成工艺实验室（研制实体产品的空间）。虽然大城市有研发新产品所必需的刺激和竞争活力，但一些企业还是会根据自身利益和产品需要选择小城镇或者乡村环境。那些从大自然中获得灵感的企业，则需要更贴近户外环境。

因此，并非所有人都支持将企业总部设在城市。斯特凡·卡斯瑞尔（Stephane Kasriel）在《快公司》杂志上发表的一篇文章中写道：

> 过去的十年里，我们痴迷于高楼林立的中心商务区和那里诱人的大型办公空间，这种现象已经让美国人的生活捉襟见

75 　　肘——劳动大军里的年轻人更是如此。对于太多的城市而言，
要成为驱动快节奏、高技术性工作增长的引擎，也就意味着
更高的房租、更长的通勤时间和更少的存款与购房者。[8]

　　放眼全球，北京、波士顿、香港、伦敦、纽约、旧金山、西雅
图、上海和温哥华的房租都居高不下，这迫使创业公司搬到城郊，或
者城市中不那么理想的地方。然而，这依然使劳动力和工作向人口稠
密区域集中，单身或者有家庭的员工也许很难买得起房或者无力支持
想要的生活方式。

园区

　　如今，许多企业更倾向于选择城市外的郊区，因为它们的员工能
承担得起那里的房租和学费。园区能为企业员工提供一些设施，帮助
他们在工作中保持平衡的生活状态，这当然也包括为设计和创新等创
意工作提供实体空间。在美国，苹果、耐克、谷歌和其他高科技公司
展示了为员工提供优良设施所带来的价值，同时更推动其他企业逐步
提高这方面的标准。有的园区还提供儿童日托服务、小狗公园、免费
健康午餐、健身房、游泳池和自行车道等。虽然这些额外福利待遇很
棒，但只有财力可观的公司才有能力提供这种舒适的工作环境。

　　园区的价值还在于能带给员工身处校园的感觉，步行上班就像去上
课，路上还能遇见朋友和同事。它给人一种归属感，感觉自身是某个集
体的一部分。苹果公司总部大楼"苹果公园"（Apple Park）常被称为"未
来飞船园区"，它的大楼呈环状设计，使用可再生能源供能，极具未来

感。该园区占地 280 万平方英尺，可容纳 12000 名员工居住。其他公司也"不甘落后"，亚马逊将在总部的玻璃穹顶下建造瀑布、铺设植被；谷歌的新园区计划占地 18 英亩，包含一座公园和大量步行道。[9]

不论在城市、园区、家中还是其他空间，适合员工的实体空间都对提高产能至关重要，因为它能传递情感。空间是否友好、迷人？是否舒适、易用？是否没有干扰？或者有没有能让人"暂时逃离工作"的区域？

下一节中，我将介绍一些能为未来转化空间的企业。

76

耕耘未来的"农场"

意大利威尼斯郊外的一片沃土上，坐落着一家环境独特、与众不同的公司 H-FARM。它是联合创始人、副董事长毛里齐奥·罗西（Maurizio Rossi）的智慧结晶。H-FARM 是全球第一批为创业公司提供孵化环境的企业，而且它目前仍在与精心筛选的科技创业公司合作。这家企业为学生、创业者和企业提供了多种体验。在 H-FARM，你可以直接参与到设计和技术研发中。它既是一所学校，也是企业理解新科技、学习如何从中受益并将它们整合进组织的地方。[10]

H-FARM 的创新文化总监托马斯·巴拉扎（Tomas Barazza）帮助企业理解数字文化以及它对自身的影响。

> 我们不能再将创新单纯视为"灵光一闪"的单个瞬间或是先进科技的运用；创新其实关乎能力，它是一种在保持人文视角的同时，从战略上创造新方案的能力，它孕育的方案不仅能带来物质价值，也关注到了人类及其最深切的需求。
>
> 打造创新的文化意味着要提供培育个人潜力的沃土，这种

77

潜力使我们有能力着眼未来，并将想法变为现实。我们要提供合适的场景，促进有利于创造新事物、寻找新方法的思维和情感过程。

今天，许多组织正面临前所未有的机遇，它们可以转化知识财富，走出舒适区，以自由探索的方式设计一个没有结构限制和技术束缚的未来。

这是一个共同创造、自由尝试的时代。[11]

78 在 H-FARM，学生可以研究最新的数字文献，商业领袖可以派遣员工到这里培训最新的技术。它是一个独特的实体空间，其中包括多种类型的建筑和环境，适合培训、工作、集会、展示、聚餐和享受生活。

乘某次会议之便，我有幸造访了 H-FARM。我发现那里的每个空间都经过专门设计，能给人以不同的感受和启发。公司内建有实验技术的空间、反思工作的空间，也有为方便团队非正式交谈而设计的环境。虽然有关它的一切都旨在推动高科技项目，但是场地本身给人一种家的感觉。它让你能在放松的同时关注潜藏在行业前沿中的机遇。

斯蒂尔凯斯

数十年来，美国斯蒂尔凯斯公司坚持不懈地在工作人员、工作环境、教育背景、人体工程学和材料等领域投资开展研究。该企业在工作方式以及未来工作领域的研究对营造创新工作环境和产品弥足珍
80 贵。斯蒂尔凯斯会定期发布报告，分享研究成果，这也使其成为人企关系领域的领军者。

斯蒂尔凯斯 360 与全球知名研究企业益普索（Ipsos）联合发布了一篇面向全球的题为《工作投入度与全球工作场所》（Engagement and the Global workplace）的报告。二者在 17 个国家开展研究，就工作投入度问题采访了 12480 位参与者。该研究的关键发现如下：

- 员工的投入度与工作场合的满意程度成正比。
- 投入的员工更能掌控他们的工作体验。
- 固定设备数量超过移动设备。
- 传统工作模式依然顽固。
- 文化背景会影响工作投入度。[12]

斯蒂尔凯斯的首席执行官吉姆·基恩评价该报告称："这些关键发现肯定了我们的想法，工作的环境不仅会影响生产力，还能塑造员工的态度和信念。"[13]

斯蒂尔凯斯将专业、经济的设计带入亚洲的工作场所。它已经在中国大陆、中国香港和亚洲其他地区满足了人们的办公需求，改善了整整一代人的工作环境。通过设计体感舒适、符合人体工程学且配件通用的办公家具，斯蒂尔凯斯向新一类企业普及了良好工作环境的重要性。

斯蒂尔凯斯还研究了一天之中员工在哪些环境下才能更加高效。有的员工在全神贯注办公时，喜欢在办公室里独自工作；其他时候可能又偏好沙龙式的环境，能见到同事进行非正式讨论；在团队讨论和工作会议时，员工又需要更清静、不受打扰的环境。这些新设计的空间能提供灵活、多功能、以效率为导向的办公空间，满足不断增长的办公需求，容纳更多的人并使用更多有效的技术。

中国香港

建筑师扎哈·哈迪德（Zaha Hadid）设计了香港理工大学创新楼（Jokey Club Innovation Tower），该楼于2016年哈迪德逝世前竣工。虽然香港理工大学（Hong Kong Polytechnic University, PolyU）校园以规整的长方形红砖建筑著称，但哈迪德的白色曲线设计仍能从中脱颖而出。

该建筑的设计初衷，是为了将原本散落校内各处的设计学院汇聚到一起，集中在一个能为创造性思维提供支持的空间里。时任香港理工大学校董会主席的罗仲荣（Victor Lo）先生认为，学生们需要更具启发性的创意空间作为教室、实验室和展示空间。此外，他们也需要更大的空间来创造和保存大型的项目，香港狭小的公寓显得有些捉襟见肘。

除了教室、展览和办公区域，哈迪德还在楼内设计了许多"第三类空间"，学生和访客可以在这里坐下来喝咖啡，愉快地交流。这座体量巨大、造型独特的建筑不断激励着港理工学子，仿佛在对他们说"去大胆尝试吧"！

实体空间与虚拟空间

82   智能响应城市、灵活的公司总部和第三类空间都要为在其中工作的人们服务，满足他们的各种需求。具体而言，工作、游玩的空间要友好、舒适、振奋人心，也要能够互联互通。此外，工作环境还需要支持不同类型的活动，比如个人工作、团队互动、非正式讨论和不经意的偶遇。

　　设计与创新空间需要能支持各种特定的活动。团队会在此定期举行会议回顾工作进程、进行头脑风暴或建造原型样机。此外，这些空间还应支持绘画、角色扮演和非正式的用户调研。虽然它们未必要在同一个房间里实现，但企业应提供相应的空间支持这些活动。团队同样还需要空间来收集和展示视觉信息，也许还需要用于搭建实物模型的场地。

　　设计和创新空间里的许多技术能帮助团队记录想法和会议内容。高分辨率的优质屏幕、高音质的音响、应对大图像和视频的高速数据传输设备，这些在未来都是不可或缺的。今天，这些技术和产品已有不同版本面世，但它们仍在不断改进当中。

未来空间

　　实体空间或许会向虚拟空间迁移。未来，设计师能否将图像投影到实体空间表面，从而利用实体空间形成虚拟空间？或者他们能否用头戴设备或眼镜接入工作中虚拟现实的部分？他们是否会用软件生成上千种解决方案进行审视和挑选？会用视觉还是文字的方式呈现方案？还是两者皆有？随着技术的不断测试和改良，这些场景都可能成为现实。数据和想法的可视化对于企业而言大有好处，但它对员工的身心会有什么影响？

　　未来的工作空间会努力为员工提供更平衡的生活和工作。你可以在指导下进行冥想来放松，或者和同事在休息时玩一场游戏。你或许能用一天中的弹性时间完成工作，但这也意味着权衡和取舍。比如你的活动可能会被追踪和记录，损失部分个人隐私。

83 　　对公司而言，员工的身心健康将愈加重要。为此，企业和雇员也许要合作协调工作、休闲和公益活动。这些利益会使员工更加忠诚，对于需要长期稳定的员工来解决复杂项目的企业，这一点弥足珍贵。

　　未来，或许程序和传感技术会用于追踪问题事项。更多视觉识别系统将被用来保护员工，使他们远离危险环境。比如，当公司的另一个区域发生危险时，你可能会收到警告，给你充分的时间远离潜在伤害。或许还会有个人传感技术追踪工作时的健康情况。一款简单的血压监测装置或许就会暴露你有多烦某个同事！

对设计的未来有何意义

　　如果企业和组织运用设计过程，它们就会明白实体和虚拟创意空间对创新活动的重要性。虽然初期需要投入大量的资源和时间，但配备这些空间会提升团队的生产力，为新的解决方案和机遇打下坚实的基础。

　　未来的设计工作或许不需要在实体设施中进行，创造和测试都可以移至网上。设计师作为未来的使用者，也要为这些虚拟过程和空间贡献自己的力量，不能完全交由技术人员和管理者来决策。例如，一个企业想要设计师进入虚拟环境来解决问题，那他们就应该参与到虚拟环境的搭建中，共同设计未来的新工具。

　　仅仅为设计团队提供实体创意空间或虚拟互联是不够的。我会在下一章探讨管理对于未来设计团队的重要性。虽然团队成员未必总能身处同地，但对一个好的团队经理而言，不论成员是聚在一起还是分散在世界各地，他都能保证团队全情投入工作，在正确的方向上前进。

第六章
Chapter 6

如何支持设计团队
Supporting Design Teams

　　本章将讨论如何在公司、家中，甚至异国他乡，为设计和创意团队提供支持。不论是一人公司还是大型综合企业集团，都需要团队来完成任务。好消息是，随着设计师队伍的壮大，未来在全球范围内组建一支设计团队会变得容易一些。

　　如今，一个团队可能囊括不同领域的专家，他们会为最后的成果增添价值。全球化团队的构成方式不胜枚举，各个企业构建团队的方法也不尽相同。随着设计要解决的问题越加复杂，设计团队也许需要附属团队来应对不断增加的设计任务。

　　孕育丰沛的设计和创新文化，必须以企业领导力为基石，用管理进行强化。因此，在探讨全球团队合作前，我会先从企业、团队和文化入手进行讨论。

企业文化

　　要想在创新和收益上实现飞跃，企业必须先提供一个有效的支持体系。企业的整体文化会最终驱动创新，支撑未来的设计过程。而要支持设计的文化，领导力比管理更重要。

85   约翰·科特（John Kotter）在《领导变革》（*Leading Change*）
一书中写道：

> 据我所知，即便是今天，在激烈竞争的行业中表现最出色
> 的公司里，高管们大部分时间仍在"领导"而非"管理"，
> 员工则被授权管理他们的工作小组。[1]

他相信，尽管有些员工和管理层想保留既有的管理模式，但新的
领导趋势仍将不断发展。在公司的某些领域，管理仍然必不可少。对
此他写道：

> 在一些商业未来主义者的笔下，似乎我们所熟知的管理模
> 式将在 21 世纪消失。所有身处重要岗位的人都会变得富有远
> 见、充满灵感，企业不再需要那些无聊之人忧心库存是否正
> 常。这些想法虽然听上去十分美好，但却是不切实际的。[2]

企业仍需要有人确保日常活动正常开展。即使未来权力和责任下
放到具体团队中，这也并不意味着所有人都是领导者。企业要想支持
创意团队、驱动创新，需要的是领导力而不只是管理，尤其设计和创
新往往还涉及变革，这使得领导力显得尤为重要。领导一个创意团队
和创新过程，意味着要理解和支持设计过程，而不仅仅是核查进度。

企业中的设计师和创新者

存在冲突的企业文化、不合作的成员和不支持的领导都会阻碍团

队成功，影响企业的发展和员工的成长，也使得设计经理无法完成工作。如果设计师提出的变革不受他人欢迎，作为企业中的创意人士，他可能会备感孤单。此外，由于害怕自身地位受到项目威胁，其他部门的同事和管理者会对设计师，或者更准确地说，对他们的工作产生负面看法。

全球品牌设计与创新事务所 LPK 的资深创新总监尼古拉斯·佩特里奇（Nicholas Partridge）针对公司内部的创新者进行了一系列定量和定性研究。对他而言，研究结果印证了一个事实——"即使身处团队之中，许多企业里的创新者仍然觉得自己像一匹孤狼。他们被视为企业的局外人，游离在核心业务之外，甚至有时被视为干扰和碍眼的人，因为从本质上来说，创新者就是那些挑战现状的人"。[3]

在一个认为变革毫无必要，将其视为难题的公司里，要当一个有创造性的人往往困难重重、步履维艰。你很难说服同事，甚至可能遭受公开的抵制。从任何层面来说，如果你知道公司对新提案有抵触和焦虑情绪，迎难而上地推动变革也许会带来孤独的工作体验。

香港创科实业（Techtronic Industries，TTI）是一家成功的企业。它不仅为全球市场制造多种工具，还拥有一支扎实、可靠的设计团队。创科的创新与产品规划副总裁亚历克斯·丘恩（Alex Chunn）说过，一些关键实践（key practices）帮助他的企业有效地管理全球规划、调研和创新执行，经营极具影响力的产品解决方案。

首先，讨论产品路线规划及相关科研和用户时，工业设计人员应当出席。撇开其他好处不谈，这至少在策划和开发的每个阶段都能保证把以用户为中心作为核心。

其次，拥有一定的预算自主权也很重要。尤其在项目初始

86

阶段，设计活动会发散和重复，而他人有时又很难理解它的价值。[4]

由于创科认识到了调研在设计过程中各个阶段的价值，该企业因此能独立开发出非常成功的设计。

管理和领导团队协作

87　　团队千差万别，但良好的团队协作有一些共同的基本要素。在《公司》（*Inc.*）杂志的一篇文章中，贾斯汀·巴里索（Justin Bariso）报道了谷歌多年来对团队效率的研究，文中提到高效团队最关键的要素是"信任"。[5] 团队成员间的互动比他们是谁更重要，文中如此描述道：

> 在心理安全感较高的团队中，成员会更安心，更愿意在队友面前冒险。他们信任团队，相信没有人会因为犯错、问问题，或者提出新的想法而被惩罚或嘲笑。[6]

对团队负责人而言，首要任务之一是防止团队陷入同质化的模式里，比如团队成员全部由年轻的男性白人工程师组成，许多技术型企业就面临着这样的问题。但在非同质化的团队里，成员可能需要更长的时间才能培养出相互信任。

如今，在众多有关管理和支持团队方面的书籍和文章中，马丁·哈斯（Martine Haas）和马克·莫滕森（Mark Mortensen）为我们提供了一个深刻而实用的框架。在《哈佛商业评论》刊登的《出色团队协作的秘密》（The Secret of Great Teamwork）一文中，他们为今天更加"多元、分散、数字化、流动性强（小组成员经常变化）"的团

队提供解决方案。[7]通过在不同背景设定下对多个团队进行研究,哈斯和莫滕森描述了出色团队应具备的一些条件:

- 吸引人的方向,有一个共同的目标,不必太难,但应清晰且富有挑战性。
- 强有力的团队结构,团队成员的构成和数量应合理。
- 支持团队的环境,有适当的培训、资源和信息。
- 乐于分享的心态,团队成员可以自由地分享信息,有很强的团队认同感。[8]

这些建议和信任构成了当今团队凝聚力和效率的基石。

设计与创新团队

许多人认为"创新应该一个人独自进行",但美国工业设计师协会《创新》(*Innotation*)杂志的执行编辑马克·杰尔斯克(Mark Dziersk)希望打破这种误解。他认为:"不论是创意天才、科学怪咖,还是才华横溢但性格怪异的"孤狼"设计师——这些刻板印象都掩盖了一个事实,设计应该是一项团队活动。当团队被充分赋能时,他们会产出更好的结果。"[9]

有时一些设计师也许更想独立工作,如果这能帮助他们集中精神,或者完成工作中的某个特定部分,那完全没问题;但最理想的情况是,创意部门的员工能在大部分的时间里作为团队一起工作。在团队中,他们能相互学习,更可以相互启发,尤其在团队成员和环境配置适当时,这种效果更为显著。

88

虽然企业中的许多设计师和创意人士可能有孤军奋战之感，但他们仍需要团队协作，尤其是在解决复杂问题时更是如此。幸运的是，有许多关于设计团队的研究正在进行之中，它们旨在帮助设计师（以及整个创意团队）理解应在何时转换团队运作模式。

凯斯·索耶（Keith Sawyer）是一位创意和团队研究方面的专家，也是《如何成为创意组织》（*Group Genius*）一书的作者。他曾对音乐、喜剧领域的即兴创作团队进行研究：

> 即兴创作团队完全是自我管理的：他们有魔术般的神奇能力，能在没有指挥的情况下自发地重新组合，应对各种不期而遇的活动和节目。在迅速变化的环境里，自我管理的团队在创新上尤其高效。这体现了在创新上的一种悖论，组织强调秩序和控制，而即兴创作似乎是一种无法控制的东西。[10]

正是创新的这种不可控性让许多设计经理焦头烂额。但他们其实有能力支持和启发团队走向更好的结果。如果不理解设计过程，想要领导和管理创意团队是一件很困难的事情。

何为全球化设计团队

以下是一些全球化团队的常见例子：

- 同一企业的员工分布在世界不同地区从事设计、产品和服务领域的工作。例如，企业在不同地区建立了编程、设计、开发、制造或调研等不同的团队。

- 不同企业的员工分布在世界不同地区，为同一个产品
  或服务而工作。比如，企业雇用某个地区的设计或工程顾问
  团队。

89

创意团队 + 文化

设计经理和团队的工作需要跨越不同层次的多种文化，因而理解
它们变得尤其重要。这些文化包括：

- 企业文化
- 团队文化
- 地区和国家文化

这些文化的影响会同时作用于设计团队。意识到文化差异也许能
帮助团队解决和避免之后可能遇上的困难或问题。

不同国家中的角色与决策

在《在布鲁塞尔、波士顿、北京当老板》（Being the Boss in
Brussels, Boston and Beijing）一文中，作者艾琳·迈耶（Erin
Meyer）提道全球团队中"权力和决策的方式虽不全是文化差异，但
它们对领导力而言却是最为重要的"。[11]她随后援引了印度、意大利、
墨西哥、俄罗斯、日本、德国和美国等不同国家对决策的态度。

在一些国家中，决策的过程很快，但容易受新的信息的影响而改
变。而在另一些国家，或许会有许多人参与决策，可决定一旦做出就

被视为一种承诺，不会轻易更改。在美国，商界长久以来都不采用共识决策的方法，因此往往依靠老板来做决定。[12]《商业内参》（*Business Insider*）发表过一篇名为《24张全球领导风格图表》（24 Charts of Leadership Styles around the World）的文章，引用了跨文化沟通领域先驱理查德·D. 刘易斯（Richard D. Lewis）的研究，他对各国的不同领导风格颇有见地，比如：

90

- 英国的管理者比较灵活变通、放松，能发挥作用，也更愿意妥协。[13]

- 在拉丁和阿拉伯国家中，权力往往集中在首席执行官手中。[14]

- 美国的经理比较坚定、富有进攻性，以目标和行动为导向。[15]

- 法国的管理者更专制，有些家长式作风。[16]

刘易斯提醒我们，在评估领导风格时，不要落入文化刻板印象的陷阱，但在每个国家中还是有通例可以遵循的。[17]

东西方创新的方式各有千秋。通常而言，西方的创意方式带有"英雄主义"色彩，创新和创意往往比较个人主义，而东方的创新方式则强调团队的创造和点滴的积累。

全球团队协作

领导设计研发团队的挑战无须赘述，而如果团队成员来自不同国家和文化，则更是难上加难。当团队成员来自不同的公司，又需要24

小时连轴转工作时，文化差异和沟通会变得愈加复杂。

在其他地区建立团队对企业有许多益处，也因此极具吸引力。[18]
海外设计开发团队能从多方面使公司获益，比如独特的专业知识、更
低的成本，或者更贴近目标市场的文化。[19]

多元化、全球化团队的负责人和管理者们，应努力使成员对有待
解决的问题产生兴趣并投入其中；要讨论如何让团队在一定的空间内
高效地工作；也应为所有成员提供支持，努力缔造一个共同、一致的
团队认同。

国家和地区的文化差异对设计团队的影响

深圳路波科技有限公司创始人兼首席执行官颜其锋，曾在诺基亚
芬兰总部工作超过 10 年，随后他回到国内创建了自己的服务机器人公
司，并在大学教授设计与创新课程。在全球用户调研领域的阅历，使
他在全球产品方面有丰富的经验。我曾向他讨教过文化对设计思维的
影响。

91

设计调研根据不同文化，需要使用不同的方法。东方人，
比如日本人，很容易形成一种集体或团体思想，他们的思维方式
就是对问题形成相同的回答，彼此互相影响。而在赫尔辛基和美
国，很难发现这种情况，西方人个体之间很难相互影响。

在中国，小组讨论后最终会产生一个设计方案。我们有一
种民族性的集体主义文化，想法会趋于统一。尽管现在中国
设计师在项目伊始，更倾向于单独工作，形成自己的个人观
点，在产生设计草稿之后才会展开讨论。欧洲的设计师则从

一开始就进行头脑风暴，在讨论后产生各自不同的想法。文化的差异从中可见一斑。

中国人很乐于接受新事物，而且更关注便利性，不太像西方人那样重视隐私。其实许多便利都和地理定位功能有关，中国移动支付的发展，使共享单车、充电宝，甚至共享雨伞成为可能。你可以用手机付押金，使用共享产品，使用完了再还回去。[20]

在我询问创科集团的亚历克斯·丘恩设计全球产品会面临什么困难时，他答道：

最重要的挑战一直都是理解关键市场，明白其中的各种力量是如何运作的。比如北美有强大的零售网络，我们就要理解它的战略和目标。北美的目标用户相对更同质化，而在欧洲市场更碎片化。北欧、地中海地区和英国，每个区域都有不同的主要零售商，和北美相比，彼此差异也更大。

要在快节奏、全球化的产品开发环境中应对这些挑战，设计师必须了解他们的工作和产品，并基于深刻的用户洞察，提出清晰的价值主张。[21]

92   工作时间、领导风格和工作报酬在每个国家都有所不同。对设计团队的领导者而言，这些差异增加了复杂性和信息量。根据经合组织（OECD）的报告，德国是世界上工作时间最短的国家，但他们的生产力却是极高的。[22]

未来，全球化团队的数量将不断增加，我们需要更加了解如何在其他文化中开展工作，以及如何进行跨文化合作。我们需要理解全球文化和团队内部关系的相互作用。希望未来全球化设计团队的管理者，也能了解设计过程中的细微差别。

将团队成员送往海外

有时，团队成员可能需要前往其他国家或地区。如此一来，对文化的关注和学习就显得更为重要，他们能从中了解彼此对对方的认识。

学习其他文化不应止于商务礼仪，还要学习什么该说，什么不该说。当你身处异国他乡时，讨论政治问题或者批判统治者、宗教或文化，未必是一个好主意。比如，在泰国对统治者评头论足会受到法律制裁；在俄罗斯等一些国家，揶揄政治领袖的产品是不受欢迎的。

不同文化间的差异有如天壤之别，西方对个人的持续关注或许会让东方人很不舒服。西方人发言往往立足于"我"的第一视角，听上去比较跋扈、以个人为中心，对他人不够关心。此外，他们的态度较为开放，认为任何事都可以讨论，这可能会让其他国家的同事感到不快，在上下级关系中则更甚。

相应的，西方人较难掌握东方文化中的敏感点。虽然在亚洲生活了 7 年，但我依然惊讶于个人主义在东方的式微，连说话的方式都与西方不同，他们的言谈很少以"我"开始。谦逊是中国文化的一部分，但这不意味着他们不为成就大而感到自豪，只是不喜欢像西方人那样广而告之。

中式礼仪也和西方大相径庭，比如中国讲究餐后要在盘中留一点食物，这和西方的"光盘"文化相悖。在中国，"光盘"意味着主人为客人准备的食物不够，而在西方，扫光盘中的食物是对厨师或主人的高度赞许。

93

这些文化差异在全球团队合作中屡见不鲜。即使有些文化惯例没能整合进团队，但我们依然要尊重它们。未来，文化意识和敏感性培训应当作为常规训练经常开展。

设计与创新团队的沟通

从某些方面来说，如今管理全球化团队和产品创新变得更加简单了。短信、电子邮件、电话、视频会议和其他沟通合作软件正在拉近人们的距离。对于那些能全天候在全球开展工作的企业而言，产能已经得到了显著提高。但没有变得容易的，是如何让来自全球各地的员工感到自己是团队中的重要一员。

詹姆斯·路德维格（James Ludwig）是斯蒂尔凯斯全球设计和产品工程副总裁，他管理着香港、东莞、慕尼黑、大急流城和吉隆坡等地的团队。我向他求教如何在全球不同地区的团队间建立良好的合作。他答道：

> 我试着鼓励和支持各个团队间的良性工作关系。如果某个团队想尝试新事物并做出反馈，他们通常会在找我之前先通过团队负责人进行合作。而且我还会问其他团队是否也给出了自己的意见。我们相信通过这套同侪评估和对话过程，团队想法会得到完善。[23]

当我问起有关工作场所的未来科技时，他认为，工作将会变得"更简单，也更困难"。更简单是因为技术发展允许我们更快地进行产品迭代、过程变革，使我们远隔万里也能在瞬息之间同步合作。但对变

94

革（和更快的产品周期）的渴望会成为挑战，而这也正是设计师迅速创新背后的推动力。

在团队会议方面，他说："我依然倾向于那些小型的个人会议，在各个办公场地点间频繁地穿梭，不过大型会议很适合做战略发布和通告。"他很期待更新、更好的沟通技术能不断拉近距离、弥合差异。[24]

管理身处不同地区的团队需要所有人都保持消息灵通，不然就会像把工作"甩"给接收团队一样，使他们对项目毫无心理准备。创科集团的亚里克斯·邱恩说：

> 我们努力与不同地区、不同业务单元的设计师保持良好的关系，也因此能团结他们，获得团队规模上的优势。这些关系十分重要，它们能帮助我们组织培训、理解用户，也能提供市场动态，弥补产品简报中可能的欠缺，还能从整体上协助用户体验管理，并在视觉和品牌识别方面发挥作用。[25]

对未来的企业领导者有何意义

如果你已经下定决心要支持设计和创新，那么就立刻开始吧。

在这方面，宝洁公司是一个很好的范例。作为大型企业，它在数年前大幅调整了自身的管理风格，并在今天收获了成果。在《哈佛商业评论》一篇名为《宝洁如何使创新成功率提高两倍》（How P&G Tripled Its Innovation Success Rate）的文章中，作者布鲁斯·布朗（Bruce Brown）和斯科特·D. 安东尼（Scott D. Anthony）阐释了该企业如何打造"新增长工厂"，它帮助宝洁改变企业文化，专注创新。[26] 早在 2004 年，宝洁就利用这一"工厂"开展企业转型。"新增长工厂"由以下活动组成：

- 培养高级管理层和项目团队成员，传授促进颠覆性增长的思维和行为。
- 组建新增长业务指导小组，帮助团队完成颠覆性的项目。
- 发展组织架构，驱动新增长。
- 编制流程指南——详尽指导如何创造新的业务增长点。
- 进行示范项目，展示这一新兴"工厂"的工作方式。[27]

宝洁花费了数年的时间改变企业文化，但它将带给公司一个成功的未来。

往前看 10 年、20 年，甚至 50 年，你也许要先设想未来最适合公司的文化，然后考虑如何在今天促成相应的改变。未来公司将面临怎样的挑战？对企业而言，恒久不变的是顾客和用户的重要性。

美国艺术中心设计学院（Art Center College of Design）的教授凯瑟琳·班纳特（Katherine Bennett）在谈起中国高速发展的科技型企业小米时提道：

> 小米管理上的优势在于对客户有深层次的理解，而设计的思维模式又是理解客户的关键所在。据小米创始人之一，工业设计师刘德所说，这一点从公司建立之初就植根于其商业模式中。"我们希望以理解市场和趋势为基础，建立具有多层面优势的突破性商业模式，"他回忆道，"只有出色的产品是不够的，我们必须对新一代中国青年有深入的理解，并以此为基础在公司的各个方面进行创新。"

这种方式镌刻在企业的各个方面和决策中。比如，小米已与超过 200 家企业合作生产物联网产品。工程师小组负责其中的投资决策，而且有相当的自主权，能在不经董事会和高管层批准的情况下，决定 400 万美元以下的投资。其他企业里，这样的决策小组往往由财务人员组成，但小米团队的投资决策并非基于财务指标，而是源自对客户和小米物联网生态的了解。将设计原则深度融入企业，能使其更灵活，更具竞争优势。[28]

设计过程能帮助企业，使员工对新想法、新理念抱有更开放的心态。相比几十年前那种"我们这儿不这么干"的抗拒态度而言，这可谓是一个很大的转变。

96

对设计的未来有何意义

根据不同产品或服务，未来设计师的角色可能更像策展人、指挥家、电影导演或运营专员。室内设计师、产品设计师和交互设计师能直接将技能迁移到虚拟环境的构建中。

罗布·格林（Rob Girling）在《人工智能与设计的未来：2025 年的设计师》（AI and the Future of Design: What Will the Designer of 2025 Look Like？）一文中写道："设计师或许能在人类和人工智能间补上缺失的一环，使二者合作无间。"[29] 设计师可能会有虚拟空间等各自专精的领域。他认为："未来设计师要做的是设置目标、参数和限制，然后对人工智能生成的设计结果进行评估和改良。"[30] 格林认为设计师不会消失，但工作内容或许会发生改变。未来，设计师可能有机会设计人工智能环境和用户互动，但首先他们要参与创造自己使用的人工智能工具和系统。

不同的工作方法也许会在将来相互融合，就像团队管理方式一样不断改变、交融，以适应不同的文化背景。或许接受和拥抱这种无止境的变化，才是最有价值的技能。

未来设计中的角色演变

未来的设计管理还会是我们熟悉的样子吗？又或者现实增强技术产生的"虚拟经理"能让团队实现自我管理？在此我只能做出一些推测，但前提是必须有人确保设计过程中科技的正当性，审核调研结果和数据，并认识到设计中的道德、法律和安全问题。在设计团队中，成员的角色会根据项目需要而变化，设计经理可能会成为指挥者、协调者、策展人和舞台经验专家。

通过搜索并学习已经涉足人工智能领域的企业，今天的设计师们能从中获得一些先机。在《七大神奇企业，从事尖端人工智能工作》（7 Surprising Companies where You can Work on Cutting-edge AI Technology）一文中，作者本·迪克森（Ben Dickson）列举了在各个产品领域内运用人工智能技术的企业，比如自动驾驶领域的大众、银行业的摩根大通、医疗行业的飞利浦、计算器视觉领域的松下、电子安全方向的派拓网络（Palo Alto Networks）、情绪识别领域的Affectiva，以及培训领域的Deeplearning.ai。[31] 当然，能帮助未来设计师提升工作、磨炼技术的企业绝不仅限于此，但如果要寻找未来的机遇，这张榜单会是一个好的开始。

对独立设计师或创业者而言，技术将带来更简单的设计解决方案。实际运用新技术时，学习曲线会更加陡峭。独立设计师在需要帮助时将更容易借助他人的专业知识，或者在全球寻找工作伙伴。同时，他们会发现学习合作伙伴的文化是一笔物有所值的时间投资，尤其是需要在该文化中开展项目的时候。

对未来的全球设计团队领导者意义

以下事项对全球团队和团队管理而言至关重要：

● 支持型领导者应推行接纳设计和创新的企业文化。历史悠久的企业或许要数年的努力才能改变，但有时新企业也会有老旧、过时的习惯。对创意和创新支持，应该是多方位的，包括资源、环境和对企业内部创意过程的关注。

● 全球团队、总部及两者间应进行定期沟通。如今沟通交流可能还遵循着传统的形式，但未来信息可能来自人工智能辅助系统而非真人同事。

● 在来自不同文化和大陆的成员间建立信任、一致的心态和凝聚力，使其感觉身处共同的"创新空间"之中。未来，随着技术的进步，团队成员更容易相聚在同一空间里，即便这个空间存在于虚拟现实之中。

● 举办全球文化和全球工作文化的教育和敏感性培训。任 98 何全球性项目都需要参考目标文化的信息来降低风险。

高级经理人在移交决策权时会承担一些风险，但如今企业已经在将决策权向非传统领域转移。未来这些风险大部分会被人工智能程序化解，它能收集大量数据，分析目前的潮流。这就是未来使用科技所带来的利益，一些工具其实已经出现，只是可能不够完善、可靠，还不能在某些领域运用。

第七章
Chapter 7

如何评估产品理念
How to Evaluate Product Concepts

对任何产品或服务来说，安全都是最重要的。产品不能对人、企业或环境造成危害。因此，评估产品理念的目标有两个：减少造成危害的风险和尽可能完善产品设计。

本章将探讨如何在设计过程中进行评估。有效的评估能帮助设计师确保项目和创新处于低风险状态中。本章会通过案例介绍如何运用设计思维和推理，评估是否继续开发某个构思。

遵循设计过程，并在恰当的时机对产品和服务进行评估，就能规避风险和其他问题。相比大量投入之后才发现问题，这样的做法要好得多，而且如此一来，会有数个检查点贯穿整个设计过程。

本章除了介绍评估产品和服务的最佳实践，也会探讨未来可能的评估手段。未来在软件或虚拟世界中一定会出现新的方法测试产品或服务。同时，我们也需要更广泛和多元的调研方式来适应其他文化。西方的调研方法未必被其他文化所接受，所以采用或开发新的方式来获取信息就显得尤为重要。

设计过程中有许多评估和调研方法，适用于三个不同阶段。有时，设计师仅使用其中一或两种就能获得有价值的反馈。下表列举了设计团队可能使用的评估方法，其中有些是传统调研方法，其余的则是设计过程中应思考讨论的问题。

100

表 4　设计过程中的评估检查点

第一阶段 寻找问题或机遇	第二阶段 产生方案	第三阶段 评估方案
问题陈述溯源	选择方案	用户测试
大数据	突破创新的瓶颈	文化问题
十类影响因素	草稿与原型	消费者调研
对国家和文化的调研	批评与评论	可靠性测试
早期用户测试	用户反馈	可持续性评估

三个设计阶段中的评估

第一阶段：寻找问题或机遇

在第一阶段，设计团队要通过各种渠道收集信息：潜在客户、用户、新技术或材料、竞争对手的产品或服务、文化趋势等。或许还需要特定国家或地区的有关资讯，以及其他相关的信息。

该阶段的评估和调研方法可谓多种多样。设计团队可以采用个人访谈、焦点小组访谈或问卷调查等方法来收集一般知识，也可能会收集和发布许多材料（照片、草稿、专利等）以供参考。换而言之，需要收集的是能启发团队的信息。在这一阶段中，团队要回顾问题陈述，确认其清晰度、复杂度，排查其他可能阻碍新设计、新创意的问题。评估可以在设计过程的任何阶段进行，视角可以从发散、开放逐渐变得聚合、狭窄。

101

在设计过程的初始阶段，评估是为了寻找机会。你会持续寻找能产生联系的信息。你需要思考有哪些材料或技术可供使用？有什么创新或特色？是不是有用的、可持续的？什么能支持品牌和工作人员？在该阶段你会不断寻找机会，不放过任何可能性。当可行方案开始形成，就需要对它们进行评估。这会将你领向第二阶段，从评估想法转向剔除想法，这样才能专注在最好的方案上。设计团队会建造原型或模型，对想法进行测试。

所有产品和服务都应参照原本的问题陈述进行评估。而用户调研或其他渠道获得的信息则能大幅影响原本的问题陈述。如果方案中发现了重大瑕疵，而该方案又是问题陈述的直接结果，那设计团队应向高级管理层反映，也许有必要对问题陈述进行修改。比如，假设问题陈述要求设计一款面向某国的特定价位的小型摩托车。在项目实施过程中，该国颁布法律规定只能使用电动摩托车，那这家企业可能要换一个目标国家，或者修改原本的问题陈述，把使用电力加入设计要求。

问题陈述溯源

团队应当一起阅读和讨论问题陈述，并应思考以下问题：

- 问题陈述是否清晰？

- 问题是否过于开放，难以找到答案？

- 是否需要缩小问题范围？

- 问题是否被过度定义？

- 是否漏掉了其他潜在的颠覆性想法？

举例来说，以下问题陈述就可能太宽泛：为残障人士设计一款洗浴产品。这个陈述会使设计失去焦点，因为有太多残障情况需要考虑。开放的问题陈述能激发人们的创新，但如果新想法无法落实到生产、营销或者分销阶段，那对公司也许就毫无帮助。从另一个方面来说，问题陈述也应尽量避免太狭隘，比如，为老年女性设计一款肥皂架，这样就把其他需要洗浴产品的人群排除在外了。"恰到好处"的问题陈述应该既有充分的空间催生新想法和创意，也不至太过宽泛而失去焦点。以下陈述就比较合理：为老年人设计一款洗澡椅，能容纳他们的洗浴用品，方便他们随时取用。设计团队依据这个问题陈述能想出一个好方案，设计一款淋浴、盆浴两用的凳子，在造福老年人的同时，也能为其他人群提供便利。

大数据

解决问题时，设计团队往往需要相关数据的帮助，它可能是消费者数据、技术数据或者所有竞品数据的视觉呈现。由于数据需要根据适用性和准确性进行筛选，设计团队要知道如何挑选和使用它们。因此，团队应配备一名数据分析专家，或者至少要有了解调研和统计应用知识的设计师。如果统计数据无法解决问题或有所缺失，那设计团队就不应被其左右。未来的设计师需要学习统计调研，理解在哪里运用统计数据以及如何用数据推翻和支持方案，因为数据分析结果会极大地影响设计推理和方案选择。

十类影响因素

如前文所述，这些影响因素能为方案评估提供一个提纲挈领的蓝图，告诉你需要考虑哪些问题。而对于火烧眉毛的迫切问题，则可以给予更高的优先级。目标国家或地区是否允许销售产品？需要哪些必要条件？你的国家是否允许出口？这些都是最为关键的问题，应尽快找到答案——也可能需要新的团队成员进行排查和解决。至于产品的可持续性问题，应该找熟悉国际材料生命周期的人来检查；产品的安全隐患问题，则可以向国际法律顾问寻求意见。

试想，有一个公司想要将产品销往南美洲。为了获取基本信息，团队需要学习当地的历史、文化潮流、政治动向、技术性的基础建设情况和潜在的自然灾害风险。掌握这些数据能帮助团队在思考"选择哪个国家作为打开市场的开口"或是"是否有必要进入这一市场"时，更容易做出判断。这时有的公司也许就决定观望其他市场的机会了，比如非洲市场也是一个不错的选择。

103

对国家和文化的调研

对国家和文化的调研是获取知识的重要途径，后者会影响提供产品和服务的效果。对某地区进行历史研究同样十分关键，从中能发现战争或和平的模式、政权频繁更迭、法律变革等众多问题。这些扎实、可靠的信息将帮助企业评定推出产品或服务的风险等级。

第二阶段：产生方案

选择方案

如果要用照片表示设计过程的这个阶段，那取景拍摄的一定是设计团队看着满墙便利贴的场景。概念评估可能是设计过程中最难的部分之一，因为你要理解所有的信息并且就此想出解决方案。

在《设计改变一切》（*Change by Design*）一书中，作者蒂姆·布朗（Tim Brown）简明扼要地阐述了设计过程中的这个节点。"所谓的'综合'是指从海量原始信息中抽取有意义的模式，它是一种最基本的创意行为。如果不加以分析和处理，数据就只是数字而已，真相永远需要我们去主动发现。"[1]

在这个阶段，设计团队可能会感到被无数信息淹没，也可能会因为想法不够好而沮丧。这时就尤其需要勇气了！

突破创新的瓶颈

104

设计团队在该阶段可能会遇到瓶颈，无法产生好的想法或创新，因此他们也许会回到问题陈述中寻找灵感。通常而言，设计过程早期的某些对话、倾向或其他事件，会让团队走向某个特定方向。他们有时需要回过头来，思考设计推理的分岔点，寻求另一条路径。比如，某个团队的任务是设计洪灾救生设备，而目前的设计方向是某种充气器具，它能将一个家庭运送到安全区域。也许团队选择该方向是基于一种充气时防穿刺的新材料。但在后期，团队发现解决方案也可能完全不需要救生筏，反而或许是一种指导疏散的家用报警装置。

草稿与原型

在讨论产品或服务时，我们往往需要一个观察或指示的对象，所以对想法的可视化至关重要。其形式可能是草稿（快速绘制的草图）或大致的三维模型（泡沫塑料或者纸板制作的草样），也可能是故事板或电脑上的模拟界面。它的价值在于，团队中的每个人都能与之互动，进一步定义产品或服务。此外，它对非正式的用户测试也有很大帮助。

设计团队可以向潜在客户展示新工具的几种三维模型，询问他们认为哪个更吸引人，或者哪种更好用，这样他们就有了反馈的对象。用户可能会做出这样的评论："它看上去好像承重能力不错"或者"那个握把看上去太小了"。而如果要测试服务或电脑软件程序，设计团队可以通过故事板向潜在客户展示使用场景，或者在电脑上搭建软件的测试模型，演示一系列的操作。哪怕是非常简单的可视化，也能帮助参与者评估用户的互动和体验。

批评与评论

批评与评论可以发生在设计过程的各个阶段，对解决方案的评估至关重要。它通常以小组方式展开，过程中团队成员会解释提出某个方案的原因，或者阐述不支持它的理由。其间，一些成员会筛选并综合这些评价，以此获得新的灵感找到更好的方案。团队一般会从理性和情感两个角度进行评估。在情感上，某个成员会说，"我觉得这个方案太棒了"；在理性上，可能会说"这个方案会解决工程上对可持续性的要求"。

105

团队的想法需要在该阶段进行测试，甄别它们能否进入第三阶段（评估方案阶段）。第二阶段中，团队会用原型或模型对用户进行早期测试，以发现设计过程前期暴露的问题。在这一关键节点，设计团队有以下选择：

- 重新评估问题陈述。
- 重复设计过程，寻求更多想法。
- 带着目前的成果向下一个阶段迈进。

这时，个人或团队必须鼓起足够的勇气，大胆地说"我觉得应该选目前最好的三个方案，然后进行下一步"，或者"我觉得目前的方案没法激起我的兴趣，也没法解决问题"。这样非黑即白的观点可能过度简化了设计过程，但它确实反映了最基本的设计活动。

第三阶段：评估方案

一旦找到理想方案，就需要根据优化原型进行更多研究和评估。该阶段的原型要尽可能贴近最终解决方案，这意味着接近真实产品的外观和用户体验，因为只有这样才能获得最准确的反馈。

用户测试

最终方案的用户测试有许多不同形式，比如用户体验审核、眼动追踪、参与式行为调查、有声思维报告法（用户直接说出他们的行为和想法）或许多其他测试形式。[2] 与批评和评论活动一样，用户测试中必须记录对产品的改进建议。如果你的设计正在经历测试，那也许由他人主持批评与评论活动会更合适，这样可以避免你试图为设计辩护。

文化问题

106

开展调研和评估时，仅仅测试产品的功能和外表是不够的。一个产品或许功能良好、外观诱人，却未必在文化上为人所接受。设计团队需要寻找产品和服务中潜在的文化倾向。将这样的评估内容植入用户测试，能帮助设计师发现隐藏的文化问题。

消费者调研

如果调研对象表达清晰，对产品有一定的了解，个人访谈或焦点小组访谈等一些传统方法就能带来有用的信息。但是找到正确的研究样本非常困难，而且收集到的信息可能不太可靠或不够准确。当消费行为研究的方法正确、结构合理、对象合适，你就能从中收集到关键的信息，它可能会支持或者推翻你的设计。听取别人的批评意见需要勇气，但只有这样才能发现设计中的缺点或瑕疵，并有针对性地进行调整。

你可能也要考虑到这样的情况：调研对象不了解产品，或者无法告诉你想要的信息。有的参与者可能太善良，不忍心批评，尤其是得知你参与了产品创造后，就会更加言辞谨慎。需要注意的是，调研和问询的方法并不适用于所有的文化，可能需要进行针对性的调整。

可靠性测试

参与项目的工程师、程序员、心理学家或其他领域的科学家需要对材料、代码、情感效果或其他必要事项进行测试。设计师需要知道什么时候需要哪些专业知识，然后将它们运用到概念生成阶段，辅助进行决策。同时，设计师也应记录项目中涉及的专业内容及其对决策的帮助。

可持续性评估

许多国家都非常重视可持续性，故而应单独对其进行评估。理想的情况是，最终的产品或服务能满足任何国家最严格的可持续性要求。所以，可以先进行可持续性评估，再开始生产制造。

在可持续性评估的基础上，探索产品再利用是一个明智的选择。罗切斯特理工学院戈利萨诺可持续发展研究所创始主任兼副教务长，纳比勒·纳斯尔（Nabil Nasr）通过再制造和资源回收中心帮助过许

107

多企业和机构检测产品能否循环再利用。[3]

他所在的研究所致力于"开发、测试和部署高效、环保、高性价比的再制造流程"，涉及从飞机到办公室设备的各个领域。[4]理解如何对产品进行再利用或对其部件进行循环使用，是设计过程早期的重要信息。如果想要减少产品的部件数量或设计能重复使用的部件，设计团队可以把再利用的要求写入问题陈述中。

运用调研降低风险

在产生方案阶段（第二阶段）之末、评估方案阶段（第三阶段）之初，许多企业（和创业者）会在这个节点明显感受到高风险的威胁。如果做出以下决策，他们就将暴露在失去资源、时间、声誉，甚至面临法律措施的风险中：

- 采用较为中庸的方案，希望它能在测试中得到改进
- 没有足够的信息，无法判断产品或服务是否成功
- 急于将产品投入市场，缺乏适当的评估

108   在第三阶段，个人意识可能会对设计产生影响。如果有高级经理在场，其强烈的个人偏好可能会使项目偏离目标，因为他们的喜好也许无法代表整个市场。而如果高级经理深谙设计管理之道，他们就有可能发现产品或服务中的欠缺，并帮助团队重塑设计问题（第一阶段），或者建议团队回到第二阶段寻找更多方案。当设计团队需要展开评估、收集更多信息时，他们也可以告知高级经理。最理想的情况是，在最终方案诞生前，高级经理能参与或审查设计过程的所有阶段。

评估设计团队的逻辑和依据

新的创意会让设计团队成员兴奋不已，但其中一部分也许会偏离目标。所以高级经理或其他项目参与者应该问一些试探性的问题，寻找创意背后的依据。以下方法可以辅助此探索团队的逻辑推理：

1.为了从设计团队处获得更多信息，多问几个"为什么"。比如，"为什么要加某个功能"或者"为什么要用这个形状（或颜色、材质）"。

这些问题的回答应能体现出设计背后的理由和逻辑。问答的示例如下：

- 为什么控制键设置在洗碗机门内侧的上部？

因为如果在门外侧，它们很容易在清洁时磨损，或者经常被磕碰。

- 为什么控制键设置在烤箱的上沿？

因为这样孩子不容易够到它们。

- 为什么选择这种材质？

因为它是环保纤维做的，可以循环使用。

你会在评估产品时逐步发现想问的问题。诸如"它和其他的部分比较搭"或"我觉得它很好看"这样的回答是远远不够的，除非设计的产品是珠宝，而客户只在乎款式和外观。

对市场营销团队而言，这些回答可谓是"免费"的文稿。设计团队在阐述产品的优势和利益时，市场团队可以将它们记录下来，用作宣传文本的材料。

2. 询问团队在消费者 / 用户使用方面有无顾虑。

这需要团队平衡自己的直觉和调研成果 / 反馈。设计师必须与消费者 / 用户产生共情，但有时他们也要自己决定方向，因为消费者时常无法解释紧张或快乐的原因。团队应该从某个消费者那里听取有说服力的陈述，还是把焦点拉回来，关注更大范围的用户？即使是最有经验的设计团队也会为此困扰不已。其实，这个问题并没有固定的答案，不过好的做法是仔细检查消费者的反馈，在恰当的前提下从中获得洞察和灵感，从而帮助更多的目标受众。

3. 询问设计师或团队如何测试服务和产品？

高级经理往往不是产品的目标客户。而大多数设计或发明对应的年龄层都比较广，大大超过团队和高级经理所能代表的范围。如果设计的产品是玩具，那么就该在儿童中测试；如果目标人群是青少年，那么就在他们中测试产品。只有将某个年龄层的人纳入设计过程之中，设计团队才能知道什么样的产品能吸引他们。生活中其实经常发生这样的情况，在为某人买礼物时，你时常挑选的是"你"喜欢的东西，而不是"他"喜欢的东西。

4. 如果可能的话，询问每一个成员各自扮演了什么角色，对项目有什么想法。

如果项目有一个可靠、活跃的评估团队，但只有少数人能参与决策，这可能会浇灭其他团队成员对项目的热情。虽然他们也会遵从项目领导的指示，但至少所有成员都该得到应有的承认和褒奖。这会使团队在下一次项目中更具包容性。

5. 技术型企业要大幅改动其软件程序时，可以开展一种特殊的调研项目，"专家设计审计"。

这种方法可以协助高级经理做出困难而代价昂贵的抉择。以往我帮助过这类企业从全国（或全世界）各地找到相关领域的专家，让他们签署保密协议，而后对项目进行评估。这些专业评估人员会指出项目的问题，并帮助高级经理设定解决它们的优先级。如果有三位专家指出了同一个问题，那就意味着它确实亟须被解决。

对设计的未来有何意义

未来，搜索程序能快速找到和分类相关的信息，为企业和设计师减少在收集数据上花费的时间。

110

在某些情况下，完善的虚拟现实和增强现实技术能更好地进行用户测试。虚拟环境能协助测试造价昂贵的环境，比如主题公园或某些奢华的体验。对现实的模拟能让设计师获得更具体、更有启发性的反馈。

新的可视化技术将把设计师带入设计的新层次，而不同的可视化技术将在产生方案和最终测试阶段得到应用。相比自己绞尽脑汁，生成软件在给设计师更多选择的同时，还能缩短所需的时间。可靠的三维打印技术能生产和提供样品，让设计中的产品更具真实感。动态图像能为空间和体验设计师提供更理想的测试条件，使他们能更密切地观察产品或服务催生的情感。

找到真实的研究对象将更加容易，不必再被迫使用那些易于获取的对象数据，这会帮助设计师对正确目标受众开展产品评估。庞大的消费者和用户数据库将使测试更有效、更具代表性。

下一章将关注三个设计阶段后发生的事，深入探讨将产品推向全球市场的方法，以及在未来的市场营销和分销中会发生什么。

第八章

Chapter 8

让产品走向全球
Growing a Global Product

本章主要面向那些计划让产品走向全球，但还未具体实施的企业和人群，以及想要改进境外市场营销流程的人们。本书第一章主要阐述了哪些属性能造就一款成功的全球产品；第二章讨论了在可预见的未来，哪些问题或机会将影响国际销售。但不论是一人公司还是某个大型跨国公司，推出全球产品时都应该遵循某些实践来降低风险。

本章将推荐一些对设计和创新有正面影响的行动，其中许多都需要收集广泛的数据来理解目标区域的历史和当下面临的问题。有些行动会被大公司认为微不足道，而有些对个人创业者而言似乎又高不可攀。但遵循本章中的部分建议就能为最佳决策提供一定的信息支撑。

多西（Dorcy）是一家在全球范围内分销便携照明设备的企业，其产品包括手电筒、提灯和其他手持照明装置。该企业旗下的 Life+Gear 公司建立于 2005 年，主要生产个人求生产品。[1]两家公司都在全球范围内进行销售，结合了代理、分销以及向主要零售商进行直销等方式。我向多西的董事长兼总裁汤姆·贝克特（Tom Beckett）求教，询问创业者和小企业如何从零开始在其他国家销售产品。他回答道：

> 如果选定了目标国家或地区，那就应该坐飞机去那里待上至少1—2个星期，花时间进行考察。去逛逛商店，和店主交流一下，看看当地怎么陈列商品，问问价格，记录下分类产品的备货深度。你会看到在不同国家，商品的市场营销手段千差万别，也会了解到某个产品功能或许在一些国家和地区大受欢迎，但其他地方的消费者却并不愿意为它埋单。
>
> 如果已经做了一些准备，那你可能会对商业伙伴的有关信息感兴趣。问问他们的分销商是谁，谁帮他们囤货，再问问他们是否愿意销售你的产品。做好心理准备，你很有可能会进几次死胡同，但这都是过程的一部分。如果要准备得更充分，可以去大使馆或者该国的贸易组织，打听有没有适合该类商品又值得信赖的分销商，然后在实地考察时拜访他们。
>
> 最终目标是找到一个当地的优秀商业伙伴，与其建立起良好的合作关系。如果业务才刚刚起步、目标市场缺少品牌资产，那商业伙伴关系应该是长期战略里不可或缺的一部分。你一定要找到对当地市场和社会有深入了解的人，他能帮助你顺利开始商业运作。即使你的品牌已经普遍受到人们的青睐，那也需要一个熟悉当地情况的人，协助你应对相关的法律要求，安排物流事宜。初期你可以适当放弃一些利益来夯实基础，这将在日后带来数倍的长远回报。[2]

实地考察目标地区或国家、与当地人交谈、考察相关情况，这些经历是无可替代的。记录旅程也同样重要，记下你造访的城镇、商店的名字，以及与哪些人进行了交流，这样就能回忆起自己学到了什么。尤其在回到公司与团队分享经历时，这些记录会特别有用。如果要在店内拍照，应该先获得主人的许可。你还可以观察大部分商品是在箱子里还是货架上，又或是挂在洞洞板上？它们是被放在门口的架子上，还是堆在商店的角落里？这些细节都能在返回后辅助团队做出正确的决策。

在《哈佛商业评论》发表的一篇名为《在产品中发现平台》（Finding the Platform in Your Product）文章中，安德烈·哈久（Andrei Hagiu）和伊丽莎白·J. 阿尔特曼（Elizabeth J. Altman）列举了寻找客户和合作伙伴的四大战略：

- 与第三方合作能打开新的平台和渠道，为市场推广和销售提供帮助。
- 如果客户之间没有竞争关系，而且能在产品或服务上进行协调或合作的话，帮助他们建立联系对你们都大有益处。
- 将两种不同产品的客户联系到一起能带来新的客户互动或者销售机会。
- 向客户的客户进行销售。[3]

事先考虑客户的客户是谁，以及他们还想要什么，这能为产品和服务的定位提供依据，从而在不危及原有客户关系的前提下，加强与他们的联系。在保证原有信息传达的基础上，可以开始在设计和市场推广的初始阶段增加一些内容，阐述为另一客户群体带去的利益，以及如何针对他们展开营销。

一、数据收集

本节我将讨论与产品或服务相关的数据收集。它们可能来自线上、专家、用户调研、网络和传统印刷品等渠道，而且各有优点。随着数据收集对用户的价值不断提高，你将更容易买到想要的数据集或包含相关信息的子集。

简便且稳定的软件信息推送

114　　现在只需设置系统性的软件推送，就能为将来建立持久的数据库。某些软件有关注功能，允许你为感兴趣或有关自身全球产品的栏目设置推送提醒。在市面上众多的信息推送软件中，谷歌快讯可谓高效低价。在无法使用谷歌的国家或地区也有类似功能的产品，但可能费用更贵或不够高效。

谷歌可以设置推送选项，一旦找到新的相关内容就会以邮件形式发送通知。它也可以检索网页、报纸、博客和其他互联网上的内容。更重要的是，通过修改关键词缩小搜索范围，能起到事半功倍的效果。此外，谷歌还提供了更便捷的存储和取回功能。

本书第二章提到的十类影响因素可以作为参考，设定相关信息推送的深度和广度，以最理想的方式获取目标地区或国家的相关资讯。比如要了解有关哥伦比亚的信息，那推送设置就应涉及该国的气候、地理、历史、文化、教育、经济、技术、新产品、新服务、政府等等。将这些信息记录在案并提供给团队，能帮助他们掌握趋势，发现值得探索的信息点。

举例来说，目标国家也许将迎来一场选举，其结果可能会决定产品的受欢迎程度。因此，追踪选举的报道以及其他相关的信息就显得十分必要，它们能帮助团队了解文化变迁、历史、关税、货币和劳动报酬等的最新变化。

企业或许能构建一个资料库，所有员工都能为此贡献一分力量。也许另一个部门的某位同事就是熟知某个国家的隐藏专家，他或她可以提供丰富的信息或大量照片。这些信息经过收集、筛选和组织后，会成为企业的宝贵财富——甚至还可能有其他企业想要购买这些信息和数据的使用权限。

货币风险检查

货币波动是另一个影响跨国项目的重要因素。根据不同的项目体量与合同需求，即使很小的货币波动也会影响利润率。劳动报酬的升高、货币的波动和原材料成本的变化会使原本利润丰厚的产品或服务变得充满风险。

用户调研

在设计过程早期，与潜在消费者和用户的交流十分重要。从用户这里直接获取的信息将产生左右问题陈述的重要洞察。比如，一家企业可能认为某款产品需要重新设计，但事实上只需根据反馈情况稍微调整尺寸即可。

宜家家居进入亚洲市场时，与消费者就生活方式和空间进行了交流。从中获得的数据表明，亚洲主要城市中的高额租金和房价使公寓空间相对偏小，因此如何使宜家产品更适应这种空间就成了亟须解决的问题。据此，宜家调整了部分产品的尺寸，使之更契合亚

115

洲的生活空间。当宜家在中国不断扩张而且准备打入印度市场时，它坚定地相信"不遗余力地获取当地知识，并将其与企业核心理念相结合，最终会带来竞争中的优势"。[4]

佐治亚理工学院工业设计学院教授、副主席罗杰·鲍尔（Roger Ball）在为亚洲市场开发运动头盔时，注意到尺寸问题可能导致亚洲用户产生头疼和其他不适感。这促使他在全中国展开早期调研，研究东西方人头围的区别。最终，他发现两者头型存在细微差别（亚洲偏圆、西方偏窄），这就足以使设计师为亚洲市场调整头盔和头戴设备的设计。[5]

人际关系网

关于某地区的高价值信息可能在任何地方出现，首先就是你的人际关系网。尽可能地寻找知晓相关信息的人，他们能为你省下许多时间、资源，还能避免很多弯路。朋友（或同事）可能最近去过目标地区，对当地有一些见解、印象或者了解一些新闻，这对你而言也是弥足珍贵的信息。尽管他们给你的信息未必都是客观、真实的，但一些传闻也能为产品或服务的市场推广带来灵感。需要注意的是，并不是所有外国人都了解自己的家乡。他们很可能跟不上当地迅速改变的文化，又或者对此不感兴趣。他们的观察未必比你或你的团队的认识更客观。

专业团体

即使你有广阔的人脉关系网络，或者服务的企业有很强的数据收集能力，也应当加入一些关注全球产品开发的在线或当地团体。专业组织能带来丰富的信息（和持续终生的友谊），能长期提供人才招聘、薪资信息、最佳实践和竞争对手产品等可靠信息。这里的难点是，如何在收集信息的同时严守自己的商业秘密。毕竟你无法在非正式交流的场合要求别人签署保密协议。

在某届世界设计组织（World Design Organization，ICSID，前身为国际工业设计协会）会议上，我了解到一些在中东包装的商品能在欧洲享受更低的关税政策。如果不参加专业组织会议，我就无从得知这一信息。其实，商品不一定要在中东生产，只要在那里包装就能享受到优惠。我本不会想到商品可以绕道中东国家再前往欧洲进行销售（我当时身在美国），但我将这一信息分享给了几个感兴趣的企业。有些人认为中东地区比较动荡，也很难进入当地市场，但实际上那里许多地区的政治十分稳定，也很适合开展业务。

当地或全球的经贸发展机构

贸易发展机构和地区经济发展机构能提供关于某国或某地丰富、准确的最新信息。如果想了解某个地区或国家的总体经济情况，可以访问世界经济论坛的网站（www.weforum.org）寻求帮助。此外，该网站还能提供商贸领域的世界潮流和跨国销售的最佳实践。[6]

以香港贸易发展局（HKTDC）为例，该组织的网站分享了许多信息，阐述如何在亚洲，乃至全世界开展业务。此外，它还是采购零件和产品的主要信息中心。该组织的目标是帮助企业迁往香港地区，与珠三角地区的生产商展开合作。[7]

117

其实，大多数国家或地区都有自己的贸易发展团体，如有需要可以向它们咨询商业信息。这些团队会在商业实践和文化方面提供有价值的信息。大部分国家的大使馆或领事馆也会推荐本国值得信赖的商贸团体。一个足够大的城市，比如新德里或墨西哥城，它很可能拥有自己的商贸发展团体。

开卷有益

了解一个国家或地区的历史也很重要。你或许觉得在网络上就能找到所有需要的信息，无须翻书寻找网上没有资源的旧闻。但我仍推荐去二手书店或图书馆逛逛，寻找出版物中有关该国家或地区的信息，它们也许能为产品或服务提供线索。

二、安全与团队

在积极开展信息搜寻的同时，产品构思和服务的保密工作也十分重要。应尽量避免泄露太多相关信息，对核心内容更要严格保密。其实，即使是简单的在线搜索也有可能泄露信息，通过追踪网站访问记录和想购买的网址（更准确说是 URL）记录，软件程序就能捕捉和记录你所设想的公司名称。

在美国，申请临时专利能为产品提供近一年的专利保护，但也可能在产品或服务计划面世前就泄露它们的消息。在网上搜索新网站的名称（或 URL）也有泄密之嫌，甚至可能在你确定名字前就将产品构想公之于众。在准备好进入下个阶段前，要尽可能做到秘而不发。

118

雇用新员工时，安全也是重要的考虑因素。你或许会看重雇员的编程能力或者其他才能，但安全可靠也是不可或缺的重要品质。定期的员工审查对产品和服务的安全意义重大。

QQI（Quantitative Qualitative Intercept）全球负责人里克·科特（Rick Cott）为超高净值家庭管理着许多国内外的团队和组织。他说道：

许多文章都谈到了网络安全，要防范企业间谍和国外势力的威胁。在国际商务领域，考虑到潜在的数据盗窃，就尤其要严加防范。但任何安全专家都会告诉你，除了安全之外，保护数据最安全的方法就是建立一支信得过的团队。团队成员都应理解公司的价值观，视自己为公司的一员。[8]

你所雇用和培养的员工往往是保护公司产品、方案和数据安全的第一道防线。

三、早测试、常测试

产品或方案的测试未必价格不菲。你可以开展非正式访谈、搭建低解析度的原型（用泡沫塑料或者纸板）或者口头模拟场景，有许多方法能用来检测方案是否在正确的方向上。但项目后期的测试会在完善的模型、互动程序或全尺寸环境中进行测试，这需要更多的时间、资金和专业知识。

可靠的人际关系圈是检查项目的好帮手。你可以和同事、朋友一起进行非正式的回顾、检查，或者与他们沟通最新的进展，这种方法在整个项目进程中都会有所帮助。他们也许无法提供具体信息，但是能带来一些看法，辅助识别可能的问题，判断设计过程的方向是否发生了偏离。

由于高端测试价格不菲，非正式反馈也能提供许多关键信息。直到产品或服务的制造和最终发布阶段，它们都能在决策上给予一定帮助。从法律角度考虑，记录好每一次测试也相当重要。最佳的方法是录像和文本记录，如果发生专利纠纷，这些记录可以作为证据。它们

119

能展示产品设计过程中容易被忽视和遗忘的细节，尤其是当开发周期很长时，这些记录就能发挥巨大作用。若由于产品使用错误而产生了法律纠纷，测试记录文档也能派上用处。此外，它还可以为下一个项目或将来的升级提供信息。

即使在大量测试中得到了某些看似不正确或不真实的结果，你仍应该相信直觉。此时，你可能需要做出艰难的选择。收到测试结果和意见（尤其是当两者产生冲突）时，设计师很容易产生困惑或开始怀疑方向。请不要关闭信息和数据推送。身处项目之中，难免会忽视它们，但关键信息很可能出现在推送里，它有可能会帮助你确认正确的方向或者暗示你另一个潜在的障碍。

下一个制造中心及其带来的机会

在《下一个世界制造中心》(The World's Next Great Manufacturing Center) 一文中，作者孙辕（Sun Yuan）写道，"非洲正处于人口爆炸的初级阶段，人口将在 2050 年达到 20 亿，届时它将拥有世界上最庞大的劳动力"。[9]

非洲各国政府正努力提高对企业的吸引力。孙辕注意到这些国家和地区正在走日本、韩国和中国的"老路"，从低端制造业开始（陶瓷、衣服），逐渐向电子产品和电脑等复杂制造业靠拢。[10]

提前知道制造业将发生于何处，对创业公司和实力雄厚的全球性企业都大有裨益，劳动成本就是最明显的利益。同时，这也意味着在该地区进行生产的企业会更了解当地的文化，也更容易发现机会的信号。在工作条件公正、安全的前提下，新的制造商能极大地帮助当地居民，引领他们走向更好的生活条件和更高的收入，使人们脱离贫困。

雇用设计师

雇用设计师时，企业应该注意他们在艺术或科学的不同领域有各自的倾向和专长。可以选择一位喜欢通过产品表达自我、更具艺术家和匠人气质的设计师，也可以选择一位更倾向于团队合作、喜欢参与开发科技含量较高的复杂产品的设计师。当然，这样的分类可能有过度简化设计领域的嫌疑。在艺术到科学之间的创意区间里，分布着许多不同类型的设计师，肯定也有人能够兼顾二者。有的设计师倾向于专注某些类别的产品，有的则涉猎广泛，对设计师的选择取决于企业的需求。在雇用时花时间了解设计师的专长和偏好，会在项目进程中有所回报。为了增加找到合适设计师的概率，可以通过事先提问来了解他们的偏好。雇用不适合的设计师会使企业损失时间、金钱和其他资源。

我曾为一家技术型企业提供过顾问服务，它曾连续解雇了五名设计师，因为他们似乎都与企业目前的工作方向不符。我发现这家企业雇用的一直都是偏艺术型而非技术型的设计师。虽然他们都从知名设计院校毕业，但对产品设计中的技术方面并不感兴趣。这就造成了大量时间的浪费。不论是选择雇用还是不断尝试，获得满意的设计都要花费许多时间。此外，金钱和资源也被浪费在了不合适或者难以被接受的设计方案上。

举例来说，如果有一家企业想打造一款家具产品，需要充满视觉表现力的设计。在雇用设计师时，可以阅览候选人的作品集，查看其是否具有这样的才能。但如果是一家技术型企业，要生产某品牌旗下的一款家电，可能会更想雇用对系统性设计和用户界面感兴趣、有专长的设计师。

120

大部分公司的人力资源部门并没有全职专家负责雇用设计师，所以往往需要借助猎头公司的帮助。这些公司熟悉这个领域，而且深知来自艺术院校或综合性大学的教育背景差异会给设计师带来什么影响。它们理解设计教育差异的重要性，也能根据企业的实际需要调整搜寻条件，从而能达成满意的结果。

各大院校现在也意识到了这样的差别，正在着手解决这一问题。艺术院校和综合性大学正在开展课程融合，艺术院校整合了设计调研课程，而综合性大学则重塑了课程设置，加入了更多艺术方面的内容。

丽塔苏西格尔人力资源公司合伙人丽塔·苏·西格尔（Rita Sue Siegel）告诉我们：

121

> 每家企业都比以往更需要设计师。不论是体验设计还是交互设计，都需要设计师专注于用户和消费者，这种能力对大部分企业而言至关重要，大多数设计师也从传统设计领域开始转向。许多对管理感兴趣的设计师已经转向战略岗位，他们辅助高管层制定公司架构，也尽可能地向他们展望前景。许多设计师对全局有很好的想法，他们能帮助大多数企业为将来做好准备。[11]

西格尔的观点是正确的，许多服务于企业的老一辈设计师从"独立工作"时代一路走来，当时不同的企业部门不会相互融合。但他们也许已经对跨领域工作成竹在胸、迫不及待，也可能已经为职业生涯的下个阶段做好了准备，比如参与到项目管理中。

安杰拉·叶（Angela Yeh）是 Yeh IDeology 的创始人兼首席人才战略师，她为公司招募设计师，也为后者提供职业生涯咨询。她说道：

有人认为"每个人都是设计师",但我想驳斥这种说法。从副总裁到年轻的学生,我听很多人说过"我是设计师,我能解决问题"。现在成百上千的人都在说这样的话,但又不明确自己的创新风格,那企业、雇主和招聘人员要从何理解设计到底是什么呢?因此,现在企业很难了解每位设计师能为企业带来什么。[12]

雇用设计师,尤其是能填补某个陌生领域空白的设计师,能为企业和设计团队免去许多不必要的尝试和错误。

设计师的其他才能

经过训练的设计师会对以下问题具备敏感性:

- 文化差异

设计师会寻找文化差异的线索,利用它们设计更好的产品。这意味着他们会探索这些差异,据此改善产品的视觉效果(形状、颜色、材质)、营销方式或用户体验。

122

- 用户体验

为了解用户如何使用产品,设计师会按顺序分解他们的行为。通过这样对思维和行为的系统性研究,设计师能发现哪里存在问题,哪里使人困惑,或者哪里需要进一步描述。

- 道德

大部分设计师会遵循良好的道德准则,对不够安全的产品或做法直言不讳,也会指出某些材料对人、宠物或环境存在的潜在不良影响。同样,他们会保障用户测试的安全,并确保调研活动符合道德规范。

● 寻找最佳方案

设计师有能力从信息中提炼出满足问题陈述的选项。他们能从视觉的角度进行思考，想象具有不同特点的产品和服务。这使他们在脑海中就能剔除不可行的想法，专注于那些可行的方案。

● 将无形的构想可视化

将产品的构想可视化颇有难度。而设计师最出色的特性就是有能力创造某个产品（或服务）的图像，使他人也能拥有视觉上的体验。这种方法与单纯讨论或看到实物相比有很大不同，它能辅助团队反思产品和服务。团队成员往往更容易从视觉呈现中找到问题所在。

● 选择可持续的材料和生产方式

今天的教育促使设计师自动选择对人、动物或环境无毒的材料。他们也会与工程师合作寻找最佳的制造方式，即便这意味着要改变设计，以适应不同的材料或更好的流程。

123　● 单独工作或团队合作

设计师可能觉得团队环境更能激励他们。与独自工作相比，团队的能量往往会产生更多、更好的想法。但有的设计师更喜欢自己吸收尽可能多的信息，然后独立产出方案供团队使用。

对未来全球产品的设计、制造和分销有何意义

更多收集最新信息和数据的机会

如今，我们更容易获得数据和信息，运用它们做出决策。随着数

据收集和组织变得更易获取、更完善，这一优势将在未来继续扩大。

雇用适合企业的设计师

如果一家科技型企业需要设计一款系统性较强，需要经常升级技术的产品，艺术型设计师可能不是一个好选择。如果要开发一款产品，使其具备诱人的独特形式、色彩、外形或材质，擅长信息设计的设计师也许不会带来那么独特、美丽的方案。有些设计师也许擅长所有领域，但找到他们十分困难，因此不该把赌注押在他们身上。同样，有的企业可能认为，自身的产品或服务需要"年轻"设计师，但大多数设计师的能力会随着经验的增长而提高，他们积累的知识和专业技能，能帮助企业避免不必要的开支和挫折。

从组建一支安全的团队开始

应当细心挑选和审查团队成员，确保他们可靠并且有安全和保密意识。审查员工不是一锤子买卖，而是一个持续的过程。随着时间推移，要经常提醒企业和团队成员，时刻遵守安全实践，不要疏忽大意。

从为地区提供价值开始

为一个地区提供价值可能会帮助公司或产品抵御政治风险，比如保护主义趋势。当你通过为一个国家或地区创造价值来开展商业活动时，它从政治动荡中幸存下来的可能性也越大。

124

寻找全球合作伙伴的机会和复杂性将增加

随着世界上更多业务领域对外开放，访问资讯越来越容易便捷，再加上基础设施资源的共享，未来寻找全球合作伙伴和新平台的机会将会大大增加。然而，随着机会的增加，复杂性也在增加。对于一个年轻的公司来说，最好快速考虑一下世界上最好做的生意领域，然后再专注于此。

第九章

Chapter 9

总结与结论：具有深刻洞察的设计推理
Summaries and Conclusions：Design Reasoning with Insights

全球产品的成功要素

过去，销售和审美就足以决定产品的成功与否。但今天的消费者想要获得更多其他利益，比如要求公司将帮助世界和他们的社区作为使命。因此，如今品牌的成功需要仰赖企业的长期善举。

125

产品成败的影响因素

全球产品或服务的设计正变得愈加复杂，这使数据收集成为设计过程的关键一环。我们需要更多信息来做出决策，满足全球不同政府和文化快速改变的需求。抓住变化的一个简单方法，是采用类似谷歌快讯的信息推送系统，它们能提供某一区域有关文化潮流、货币和劳动市场波动、地理、气候等辅助决策的最新信息。未来我们将更频繁地利用数据挖掘降低风险。

设计过程、设计思维和创新

126　　　设计过程有一个提纲挈领的方法论，它从问题（或机遇）陈述开始，到既定设计的评估结束。该过程往往被表述为线性的过程，但在实际操作中，这些步骤都是可重复的。设计思维出现在设计过程的各个阶段，一开始是一种发散、开放的思维方式，生成尽可能多的方案。设计师对数据进行综合，发掘潜在的联系，从中产生深刻洞察。他们运用的技能被称为设计推理。作为一种思考潜在解决方案的手段，设计推理也能在设计过程的各个阶段出现。最后，在选择、测试和改良方案的过程中，设计思维变得聚合、逐渐变窄直至确定最终的方案。

产品设计的属性

　　早期的设计往往注重实用性或外观（或两者皆有，视产品而定）。今天，这些属性依然是我们孜孜不倦的追求，但消费者的期盼催生了对新属性的需求，比如材料和制造过程是否可持续、是否遵循适当的科技和道德准则，以及对制造国和社区是否有所贡献等。

　　未来的设计师也许将更关注产品和服务带来的体验。他们可能会设计人工智能系统，以及机器之间、人机之间和人与虚拟空间之间的互动。

如何营造适合创新的环境

　　设计适合开展工作的创意空间远非外观好看那么简单，它是一种肉眼可见的承诺，体现了企业支持设计和创新的决心。创意空间能为设计团队提供有力的支持。例如，空间中的墙面可以记录笔记和想法；有足够的空间悬挂图片，方便进行思辨和批判；舒适的椅子、数字化白板、视频记录和其他设备为团队提供了操作的可能。创意空间能帮助团队罗列现有的想法，并在必要时予以回溯，为创造性地解决问题带来极大的便利。

但在未来，随着生成软件技术的成熟，也许有必要重新思考设计过程中的空间使用。此外，由于产品和服务越发复杂，将有更多各领域的专家加入设计过程，因此团队要设法容纳更为庞大的队伍，这也许将仰赖虚拟空间的帮助。设计团队或许还需要专门的协调人员，确保项目方向正确，并在必要时引入其他关键成员。

127

管理全球设计团队

视频会议、日程助手和视屏录制技术将在未来得到发展，届时相信全球化团队的经理们会为此雀跃不已。但在全球化设计方面，经理们仍要面对文化差异的挑战。未来，团队和项目管理软件将进一步得到完善，能协助成员完成部分任务，比如可以交由数字助理来完成制定日程表、支付账单、收集数据等日常任务。

如何评估产品概念

过去，产品和服务的评估虽未必总能令人满意，但其过程往往是非常简单的，通常由老板或市场总监最后拍板。如今，用户调研的作用举足轻重，它能帮助我们理解怎样的产品和服务最能吸引某个目标消费者群体。未来，为了了解设计的优缺点，帮助设计团队避免不恰当的产品设计、降低风险，用户调研在设计过程各个阶段中的分量都将上升。而且随着全球销售的增加，它的方法论也将更能适应不同的文化。未来也许还会出现更多可靠的数据库，它们将让决策变得更容易些。

此外，各种传感技术的优化与进步则让测试产品和服务的技术变得更加多元。面部识别和情绪识别可能将成为一项常规训练用于优化产品和服务测试，并在不久的将来支持远程操作。

让产品走向全球

128

由于互联网的发展，不论是新公司还是老企业，都会出于利益寻求全球销售平台。新技术使它们更容易找到关键信息、建立合作关系和调查业务伙伴的可信度。

随着生产中心在世界各地不断涌现，企业将有更多机会销售与某个生产中心有关的商品。因此，技术和分销的基础设施变得尤为重要，了解产品和服务在某种文化中的需求也同样必不可少。

影响每个人的未来问题

设计的未来影响了每一个人，但随着科技逐渐渗透进人类生活，你会看到最令人关注的是诸如技术接管人类生活中各种角色的问题，这一现象引发了我们最多的担忧。如果一个技术适当、有益、用于善途，那么它就会更容易为人所接受，但如果用不受欢迎的技术蛮来硬作，那就很可能遭遇抵制。

科技主义者 VS 新勒德主义者

未来几年里，设计（和人们的生活方式）将受两大主要人群的影响——科技主义者（对未来科技的作用充满热情）和新勒德主义者（重视未经后天改变的自然身体和思想，主张减缓科技对人类生活的渗透）。

科技主义者对未来科技的能力感到兴奋不已。他们相信科技能消除疾病，减少人类的苦难。从他们的角度看，新的科技将会：

- 允许对人类本身和周遭的空间进行探索，帮助人们学习新的生存、生活、工作和娱乐方式。
- 帮助弥补过去的错误，比如破坏环境。
- 解决饥饿问题。
- 在世界范围内帮助数百万人脱贫，提供教育机会。
- 振兴城市，保护乡村。
- 帮助人们实现自我的最大潜力。

129

但问题是他们所追求的科技应用可能被认为有违道德，或者对人类存在威胁。

相应地，新勒德主义者也许会发起抗议，抵制科技对生活的渗透。有人不喜欢科技，认为它已经过度融入了人们的生活。他们相信面对新科技，人们没有选择的权力，甚至认为它会干涉环境、人类的身体或战争。

当然，人们对未来科技有许多不同看法，上述群体仅为意见相左且较为极端的两派。对他们的分类有过度简化之嫌，但其所代表的冲突是非常现实的。

设计与技术中的道德

随着设计师和设计团队使用的技术越发多样，一些实践虽然存在问题，但会逐渐变得常规化。游戏或社交媒体设计师是否了解产品的成瘾性？如果他们知道，那这其中就存在道德问题。如果他们单纯只想制作有趣的游戏或社交媒体平台，没有考虑过成瘾问题，那不免显得有些天真，思考不够周全。

当年，有研究证明香烟会导致癌症[1]，一些广告设计师和市场人员断然离开了这个行业，另谋生路，因为良心和道德准则不允许他们继续宣传烟草。今天的设计师们能否遵循他们的个人道德准则，能否阻止冒犯性的信息和有害的实践呢？

折中之道

未来，科技主义和人文主义进程也许将进一步产生冲突。我们能接受科技在多少程度上融入生活？怎样的智能机器算是过于智能？二者或许只有折中才能创造各自最好的未来，对此，设计思维和设计推理也许能发挥重要作用——通过设计过程，用户也能参与到问题的解决中，每个人都能有发表意见的机会。

130

为了人类的共同福祉，设计团队可以致力于解决"全局"问题。如果企业划出部分资源，召集团队思考极端结果下的利弊，它们就有可能避免科技的负面影响，以真挚的方式赢得消费者的信任。

我并非在此鼓吹将科技主义者和新勒德主义者的矛盾转化为设计问题，但我认为设计过程、设计思维和设计推理，能引领我们走向潜在的解决方案，或者至少帮助我们给出更清晰的问题陈述。这是一个大规模的交流和对话，为了得到恰当的解决方案，我们需要集思广益。

设计推理研究

如果你仔细观察设计过程，就会发现一个内嵌的思维过程——设计推理。它帮助设计师和团队综合分析大量的信息和刺激因素，在其中寻找洞察和数据与刺激因素之间的独特联系。

设计推理在新想法、新创意的诞生过程中发挥了关键作用。在这一过程中，设计师会根据问题与解决方案，运用多种形式考虑信息。设计推理在设计过程的各个阶段都有可能发生。

乍看之下，设计推理可能更像是混沌而非系统的过程。这是因为设计师会试图将所有信息拉到一起，寻找相互联系，探求解决方案。如果仅听设计师讲述运用设计推理的经历，可能难以想象他们如何缩小范围，找到最终方案；他们的注意力会以非线性的方式从一个点跳到另一个点。下面这个简化的例子能说明设计推理混沌表象下的意识流过程：

> 我要为受灾地区设计一种充气筏。黄色反光材料很不错，它在白天或黑夜都很显眼。那么具体用什么材料呢？之前在

131 浮筒上看到过一种强韧的尼龙纤维，如果它能通过测试，也许我们可以尝试使用。

求生筏应该尽可能让人感到安全和放松。内部是否可以用舒缓心情的图案，或者配置内嵌式照明设备？应该有在洪灾中用于疏散残障人士的船，我来看看它们是怎么设计的。我要画一些草图记住这些想法和图案。昨天我和洪灾灾民进行了交流，获得了许多很棒的想法。他们真是九死一生才能从洪水中幸存下来。哦，这里有一些关于求生筏人体工程学安全座椅的数据……

这种意识流会不断继续，直到产生解决方案。

当灵感或想法初现雏形，设计师或团队会通过思维路径探索其可行性。此时，设计推理就会以更系统性的形式展开。无关的刺激因素和数据将被排除，以求进一步专注于某个想法。比如："我对洪水求生筏的结构有了一个新想法。它能承载人和宠物，还有小范围的防水区，能用来保护文件、卡或钥匙这样的小物件。我把内部设计成舒缓、放松的绿色，内外部都有嵌入式照明设备，救援人员就能很容易发现它，求生筏上的人们也能看到彼此。我还加装了一个新系统，可以通过增加侧板在激流中减速。另外，我还设计了一些连接装置，在人数较多的时候，可以把求生筏连在一起。等做好全尺寸模型，我就联系赈灾工作人员，看看需要怎么改进，让它在其他灾害中也能发挥作用。或许我还应该从用过求生筏的人那里获得一些反馈……"这样的思维过程会持续进行，直到设计理念得到测试。

设计推理很值得我们研究和分析，它为解析想法和创意的产生提供了线索。这一类型的推理一般与设计思维一起出现在设计过程的大框架下。

设计师的未来

我希望在迈向新设计时代的进程中，设计技艺的精华能得以保留。我相信我们仍需要设计美丽、有趣、实用的实体物品，但出于可持续性和保护生态系统的需要，实物设计的数量或许会有所减少。未来，科技将存在于空间、产品和体验中，如果要为其进行设计，设计师要极大地拓展自身的专业能力和研究能力。

对未来的解决方案而言，在设计中考虑所有感官体验（不论来自现实环境还是虚拟空间）将愈加重要。设计师不仅要设计人与产品间的体验，还要设计产品与产品间的体验。他们或许要通过训练来学习如何与多元化的团队共事、如何适应新的设计调研方法，以及如何使用新的软件和技术。未来将需要更多专精的高校设计学位，比如"设计学研究型博士或者设计学专业型博士"。

文化与大环境也在不断变迁，设计过程向前飞速发展着，对不断变化的世界更需未雨绸缪。这些因素都使未来的设计更为复杂。设计思维、设计推理，以及可视化和传达技巧都将被其他学科领域所采纳、学习和使用。设计师也许会发现，身边的队友虽然有来自其他行业的背景，但同时也熟知设计的过程和方法论，这使得团队的任务进程更加迅速。在理想情况下，未来的企业会将设计过程融入日常运营之中。

在某些情况中，传达技术和数据采集技术也许会使决策更容易，因为大量的数据能为决策提供信息，从而降低风险。

最后我想引用一段《快公司》杂志 Co. Design 板块的编辑苏珊

132

娜·拉巴尔（Suzanne LaBarre）的话[2]作为总结：

> 我们想传递这样的信息：在21世纪，设计与商业将密不可分，说起后者就不能不谈到前者……我们还想传达一种深刻的认识，企业和组织正面临异常复杂的问题，它们要考虑如何去权衡和调节、如何发展符合道德的人工智能技术，以及如何重新设计整整一代人。[3]

拉巴尔所言非虚，这些任务不可谓不重要。有鉴于此，我建议企业和组织都应重视设计，进行长远的规划。设计即是未来，未来需要你的关注和参与。

致 谢
Acknowledgments

　　于我而言，撰写《设计的未来》似乎是自然而然、水到渠成的事，只因我有幸能与许多杰出的设计专业人士共事。本书付梓前历经多版修订，其间来自家人与朋友的鼓励、见解和专业知识给予我莫大的帮助和动力。我的作品经纪人约翰·维利希和策划编辑艾莉森·汉基都是出版行业内的佼佼者，他们陪伴着我，给我建议，帮助我做到最好。我非常尊敬他们，也很荣幸能与他们结下友情。艾莉森为我引荐了艾丽西亚·西蒙斯和杰西卡·贝拉尔迪，她们帮助我搭建了网站，并为本书进行市场推广。

　　亚历克萨·贾斯蒂丝，感谢你对早期稿件的品评，这份"严厉的爱"使我获益良多；还有史蒂芬·贾斯蒂丝，感谢你指出书中解释不足的地方；同样还要感谢罗切斯特理工学院的比尔·德斯特勒、杰里米·黑夫纳和吉姆·沃特斯，感谢他们为我安排了公休假期，使我能顺利完成此书。他们都是技艺超群的专业人士和优秀的学术管理人员。

　　我还想特别感谢玛丽·巴亚尔多、汤姆·贝克特、杰西卡·贝拉斯、凯瑟琳·贝内特、托马斯·巴拉扎、亚历克斯·丘恩、里克·科特、斯特菲·切尔尼、蒂姆·弗莱彻、布兰登·吉安、伊莲·吉斯勒、布雷特·哈布利布、戴维·汉森、克里斯托弗·凯勒、玛丽·安·科彻、约瑟夫·康塞利克、亚历克斯·洛波斯、詹姆斯·路德维格、希瑟·麦高恩、帕特里夏·摩尔、米歇尔·摩根、唐纳德·诺曼、布鲁斯·努斯鲍姆、乔希·欧文、亚历山大·伦兹、约亨·伦兹、毛里齐奥·罗西、丽塔·苏·西格尔、约西·瓦尔迪、克雷格·沃格尔、米歇尔·沃什伯恩、马丁·韦佐夫斯基、罗伯特·沃尔科特、辛向阳、颜其锋、安杰拉·叶和於积理。谢谢你们为我牵线搭桥、帮助我理清章节，在很多方面给予我支持。

最后，我要感谢那些多年来在艺术、商业、工程、人文因素、社会科学和可持续性等学科和领域为设计做出贡献的人们。你们共同影响了设计领域，塑造了它的面貌，使之成为一个成熟的职业。而今它已经跃跃欲试，要在未来做出更重大的贡献。

注 释
Endnotes

引言

1. 汉森机器人技术公司制造的索菲亚机器人，详见 hansonrobotics. com。

2. 同上。

3. 2018 年 4 月，Work to Learn 联合创始人希瑟·麦高恩接受作者采访。

4. World Economic Forum. Eight Futures of Work: Scenarios and Their Implications. January, 2018. weforum.org/whitepapers/ eight-futures-of-work-scenarios-and-their-implications.

5. 同上。

6. Winick, Erin. Every study we could find on what automation will do to jobs, in one chart. *MIT Technology Review*. January 25, 2018. technologyreview.com/s/610005/every-study-we-could-find-on-whatautomation-will-do-to-jobs-in-one-chart.

7. 同上。

8. Yu, Howard. The hyper vision of almost every disruptive technology. *South China Morning Post*. February 2, 2018. scmp.com/ business/article/2131627/hyper-vision-almost-every-disruptive- technology.

9. 数字生活设计大会（DLD），详见 dld-conference.com。

10. 2018 年 1 月，伦敦电讯报集团业务发展主管克里斯托弗·凯勒接受作者采访。

11. 同上。

12. 2018 年 1 月，思爱普首席设计师、未来主义者马丁·韦佐夫斯基接受作者采访。

13. 同上。

14. Pelegrin, Williams. What do people actually use Amazon Echo and Google Home for? Android Authority blog. July 12, 2017. androidauthority.com/amazon-echo-google-home-ifttt-786753/.

15. 同上。

16. Kerr, Breena. Siri, Alexa and that Google gal will only get you so far. *New York Times*. March 25, 2018.

17. Sorkin, Andrew Ross. A 'Gadget Junkie,' Wearing His Tech and Covering Deals. *New York Times*. February 1, 2018.

18. 2018 年 2 月，唐纳德·诺曼与作者邮件沟通。

19. 同上。

20. Keen, Andrew. *How to Fix the Future: Staying Human in the Digital Age*. London: Atlantic Books, 2018. 51.

21. 来自麦高恩与作者的对话。

22. 2018 年 6 月，摩尔设计协会总裁帕特里夏·摩尔接受作者采访。

23. Carey, Benedict. Brain Implant Enhanced Memory, Raising Hope for Treatments, Scientists Say. *New York Times*. February 7, 2018, A21.

24. 2018 年 5 月，丹佛大学执行副校长兼教务长杰里米·黑夫纳接受作者采访。

25. 同上。

26. 社交机器人设计挑战大赛"设计挑战是什么"，详见 depts. washington.edu/designme/。

27. Linn, Allison. XiaoIce, Microsoft's XiaoIce is an AI bot

that can also converse like a human. CNET. May 22, 2018. www.cnet.com/news/microsofts-xiaoice-is-an-ai-bot-that-can-also-converse-like-a-human.

28. 2018 年 4 月，One Business Design 总裁蒂姆·弗莱彻接受作者采访。

29. Tim Fletcher. Tools and Methods 006 - Design Thinking in Paradise: Facilitating Change. One BusinessDesign blog. April 10, 2018. www.onebusinessdesign.com/blog/2018/4/10/tools-and-methods-006-design-thinking-in-paradise-facilitating-change.

第一章

1. Patagonia. Patagonia's Mission Statement. www.patagonia.com/company-info.html.

2. IKEA. Our vision and business idea. www.ikea.com/ms/en_SG/about_ikea/our_business_idea/index.html.

3. Hekkert, Paul, and Pieter Desmet. Framework of Product Experience. *International Journal of Design*, no. 1 (2007). 58.

4. Forbes. The World's Most Valuable Brands. forbes.com/powerful-brands/list#tab:rank.

5. 同上。

6. Justice, Lorraine. *China's Design Revolution*.Massachusetts: MIT Press. 2012. p113.

7. BrandZ and Kantar Millward Brown Press Release. China's urban middle class key to brand success as consumers move from price to premium in the 2017 BrandZ Top 100 most valuable brands ranking. www.wpp.com/-/media/project/wpp/files/news/kantar_pressrelease_brandz_china_mar17.pdf.

8. Chai, Catherine. The Top Brands in Asia to Watch in 2018.

Branding in Asia. January 16, 2018. brandinginasia.com/top-brands-asia-watch-2018/.

9. Africa Media Agency. Brand Africa 100: Africa's Best Brands 2017/18. www.africa.com/brand-africa-100-africas-best-brands-2017-18/.

10. Tucker, Ross. The 50 Most Valuable Latin American Brands of 2018. Kantar US Inights. us.kantar.com/business/brands/2018/top-50-latin-american-brands-2018/.

11. The Statistics Portal. Retail unit sales of rice cookers in the United States from 2010 to 2017. statista.com/statistics/514613/us-retail-unit-sales-of-rice-cookers.

12. iF World Design. iF: Design for Good. ifworlddesignguide.com/press-about/about-if/the-if-story.

13. Good Design Australia. Design for a Better Australia. good-design.org/about/.

14. 同上。

15. Good Design Australia. Categories & Criteria. good-design.org/good-design-awards/categories-criteria.

16. International Designers Society of America. International Design Excellence Awards. www.idsa.org/IDEA.

17. 同上。

18. Hong Kong Design Centre. DFA Design for Asia Awards. dfaa.dfaawards.com/.

19. 同上。

20. Hong Kong Design Centre. DFA Design for Asia Awards, About. dfaa.dfaawards.com/background/.

21. Design to Improve Life. No More White Tea Cups!. designto-improvelife.dk/history/.

22. 同上。

23. Waughray, Dominic Kailash Nath. Why the Global Goals are a golden opportunity for all of us. World Economic Forum, Sustainable Development. September 24, 2015. www.weforum.org/agenda/2015/09/why-the-global-goals-are-an-opportunity-for-all-of-us/.

24. World Economic Forum. What are the Sustainable Development Goals? www.weforum.org/agenda/2015/09/what-are-the-sustainable-development-goals/.

25. 同上。

第二章

1. The world's most valuable resource is no longer oil, but data. *The Economist*. May 6, 2017. www.economist.com/leaders/2017/05/06/the-worlds-most-valuable-resource-is-no-longer-oil-but-data.

2. Frankopan, Peter. *The Silk Roads: A New History of the World*. New York: Vintage Books. 2017. xvii.

3. Weiner, Eric. *The Geography of Genius: Lessons from the World's Most Creative Places*. New York: Simon & Schuster Paperbacks. 2016. 68.

4. 同上。

5. Schaffhauser, Dian. Universities in Pittsburgh and Paris to Host New AI R&D Centers. *Campus Technology*. May 1, 2018. CampusTechnology.com/articles/2018/05/01/universities-in-pittsburgh-and-paris-to-host-new-ai-rd-centers.aspx.

6. Wee, Sui-Lee,and Paul Mozur. Building the Hospital of the Future. New York Times. February 1, 2018.

7. Quarmyne, Nyani, and Kevin Granville. Data Roaming, to the Extreme. *New York Times*. January 6, 2018.

8. Robles, Frances. Thousands Still in the Dark as Some Power Workers Exit Puerto Rico. *New York Times*. February 27, 2018.

9. Williams, Lauren. Smart drones can identify sharks near shore. *USA Today*. December 23, 2017.

10. Justice, Lorraine. *China's Design Revolution*. Massachusetts: MIT Press. 2012.

11. Jacobs, Andrew. In War on Obesity, Chile Slays Tony the Tiger. *New York Times*. February 8, 2018.

12. Bradsher, Keith, and Noam Sheiber. Growing Pains of Going Global. *New York Times*. November 9, 2018.

13. Manjoo, Farhad. Digital Addiction Stirs Worry Even in Its Creators. *New York Times*. February 12, 2018.

14. 同上。

15. Walsh, Declan. In Egypt, Encryption is Essential. *New York Times*. November 9, 2017.

16. Keen, Andrew. *How to Fix the Future: Staying Human in the Digital Age*. London: Atlantic Books. 2018. 75.

17. 同上。

18. Alderman, Liz, Elian Peltier, and Hwaida Saad. What Price for Profit in Syria? *New York Times*. March 11, 2018.

19. Moore, Jina. Kenyan Officials Keep 4 TV Stations Dark for Days. *New York Times*. February 3, 2018.

20. The importance of independent validation. Pictet Report. 2017. 21.

第三章

1. Bürdek, Bernhard E. *Design: History, Theory and Practice of Product Design*. Germany: Birkhäuser Verlag GmbH. 2015. 108.

2. 同上。

3. 2018 年 3 月，塔克·维迈斯特接受作者采访。

4. Csikszentmihalyi, Mihaly. *Creativity: Flow and the Psychology of Discovery and Invention*. New York: HarperCollins. 1996. 58.

5. 同上，72。

6. The Conversation. From the mundane to the divine, some of the best-designed products of all time. theconversation.com/from-the-mundane-to-the-divine-some-of-the-best-designed-products-of-all-time-72697.

7. Kelley, Tom, and Jonathan Littman. *The Art of Innovation*. New York: Doubleday. 2001. 31.

8. Fernandez, Luis Rajas. Is Innovation a Buzzword? Medium. medium.com/@LuisRajas/is-innovation-a-buzzword-83fccb069f58.

第四章

1. Baron, Katie. Loving the Alien: Why AI Will Be the Key To Unlocking Consumer Affection. *Forbes*. www.forbes.com/sites/katiebaron/2018/05/14/loving-the-alien-why-ai-will-be-the-key-to-unlocking-consumer-affection.

2. Cagan, Jonathan, and Craig M. Vogel. *Creating Breakthrough Products: Revealing the Secrets that Drive Global Innovation*. New Jersey: Pearson Education, 2013. 73.

3. 同上。

4. Stack, Liam . H&M apologizes for 'Monkey Image' featuring a black child. *New York Times*. www.nytimes.

com/2018/01/08/business/hm-monkey.html.

5. Tom's Shoes. Improving Lives. www.toms.com/improving-lives.

6. Maize. How Jack Ma is Changing the Chinese Retail Game. June 22, 2018. www.maize.io/en/content/how-jack-ma-is-changing-the-chinese-retail-game.

7. Coach. Signature. www.coach.com/shop/signature.

8. Myers, Jack. *The Future of Men: Masculinity in the Twenty-First Century. California*: Inkshares. 2016. 273.

9. Shedroff, Nathan. *Design is the Problem: The Future of Design Must be Sustainable*. New York: Rosenfeld Media. 2009. 204.

10. Kahane, Josiah. *The Form of Design: Deciphering the Language of Mass Produced Objects*. Amsterdam: BIS Publishers. 2015. 45.

第五章

1. Patton, Drew. The new corporate campus. *Workdesign Magazine*. May 24, 2016. workdesign.com/.

2. Cloudpeeps. Top 10 companies winning at remote work culture and their secrets. September 8, 2015. blog.cloudpeeps.com/top-10-companies-winning-at-remote-work-culture/.

3. Quinton, Laura. The Future Smart City, Interview with Anne Stenros. *GO international Finland*. May 2, 2018. gointernational.fi/the-future-smart-city-anne-stenros/.

4. 同上。

5. 2018 年 5 月，新移动咨询的创始人亚历山大·伦兹与约亨·伦兹接受作者采访。

6. Benedictus, Leo. Chinese city opens 'phone lane' for texting pedestrians.Guardian. September 15, 2014. www.theguard-

ian.com/world/shortcuts/2014/sep/15/china-mobile-phone-lane-distracted-walking-pedestrians.

7. Gensler. Design Forecast 2015: Top Trends Shaping Design. www.gensler.com/design-forecast-2015-the-future-of-workplace.

8. Kasriel, Stephane. Cities are Killing the Future of Work (And the American Dream). *Fast Company*. January 18, 2018.

9. Burdette, Kacy. See Photos of Tech Companies' Futuristic Headquarters. Fortune. Oct. 25, 2017. fortune.com/2017/10/25/see-photos-of-tech-companies-futuristic-headquarters/.

10. H-Farm. About. www.H-FARM.com/en/about.

11. 同上。

12. 360° Steelcase Global Report. Engagement and the Global Workplace. 8.

13. 同上，3。

第六章

1. Kotter, John. *Leading Change: An Action Plan from the World's Foremost Expert on Business Leadership*. Boston: Harvard Business Press. 2012. 167.

2. 同上。

3. Kent, Chuck. "Innovation, conversation and leadership: Nick Partridge from LPK." Lead the Conversation. January 8, 2018. leadtheconversation.net/2018/01/08/innovation-conversation-and-leadership-nick-partridge-from-lpk/.

4. 2018 年 7 月，TTI 副总裁亚历克斯·丘恩接受作者采访。

5. Bariso, Justin. Google spent years studying effective teams. Here's the thing that mattered most. *Inc.*. August 6, 2018. www.inc.com/justin-bariso/google-spent-years-studying-successful-teams-

heres-thing-that-mattered-most.html.

6. 同上。

7. Haas, Martine, and Mark Mortensen. The Secrets of Great Teamwork. *Harvard Business Review*. 71.

8. 同上，75。

9. Dziersk, Mark. An Innovation Equation. LinkedIn. www.linkedin.com/pulse/innovation-equation-mark-dziersk/.

10. Sawyer, Keith. Group Genius: The Creative Power of Collaboration. New York: Basic Books. 2017. 34.

11. Meyer, Erin. Being the Boss in Brussels, Boston, and Beijing. *Harvard Business Review*. July-August 2017. 72.

12. 同上，73。

13. Lubin, Gus. 24 Charts Of Leadership Styles Around The World. *Business Insider*. January 6, 2014. www.businessinsider.com/leadership -styles-around-the-world-2013-12.

14. 同上。

15. 同上。

16. 同上。

17. 同上。

18. Eppinger, Steven D., and Anil R. Chitkara. The Practice of Going Global. *MIT Sloan Management Review*. Summer 2009.

19. Neeley, Tsedal. Global teams that work. *Harvard Business Review*. October 2015.

20. 2018 年 5 月，深圳路波科技有限公司 CEO 颜其锋接受作者采访。

21. 来自亚历克斯·丘恩与作者的对话。

22. Leach, Whitney. This is where people work the longest hours. World Economic Forum, January 16, 2018. weforum.org/agenda/2018/01 /the-countries-where-people-work-the-longest-hours/.

23. 2018 年 6 月 3 日，斯蒂尔凯斯副总裁詹姆斯·路易维格接受作者采访。

24. 同上。

25. 来自亚历克斯·丘恩与作者的对话。

26. Brown, Bruce, and Scott D. Anthony. How P&G Tripled Its Innovation Success Rate. *Harvard Business Review*. June 2011. 64 - 71.

27. 同上，67。

28. Dann, Jeremy B, Katherine Bennett, and Andrew Ogden. Xiaomi: Designing an Ecosystem for the 'Internet of Things'. Case Study, Lloyd Greif Center for Entrepreneurial Studies, Marshall School of Business, University of Southern California. 2017. hbsp.harvard.edu/product/SCG527-PDF-ENG.

29. Girling, Rob. AI and the future of design: What will the designer of 2025 look like?. O'Reilly. www.oreilly.com/ideas/ ai-and-the-future-of-design-what-will-the-designer-of-2025-look-like.

30. 同上。

31. Dickson, Ben. 7 surprising companies where you can work on cutting-edge AI Technology. The Next Web. thenextweb.com/ artificial-intelligence/2018/07/05/companies-work-ai-technology/.

第七章

1. Brown, Tim. *Change by Design: How Design Thinking Transforms Organizations and Inspires Innovation*. New York: HarperCollins. 2009. 70.

2. Martin, Bella, and Bruce Hanington. *Universal Methods of Design*. Massachusetts: Rockport Publishers. 2012.

3. Rochester Institute of Technology. Golisano Institute for Sustainability. www.rit.edu/gis/.

4. 同上。

第八章

1. 2018 年 7 月，多西的董事长兼总裁汤姆·贝克特接受作者采访。

2. 同上。

3. Hagiu, Andrei, and Elizabeth J. Altman. Finding the Platform in Your Product. *Harvard Business Review*. July-August, 2017. 95 - 100.

4. Ringstrom, Anna. One size doesn't fit all: IKEA goes local for India and China. Reuters, The Globe and Mail. May 11, 2018. www.theglobeandmail.com/report-on-business/international-business/european-business/one-size-doesnt-fit-all-ikea-goes-local-for-india-china/article9444097/

5. 2018 年 6 月，佐治亚理工学院教授罗杰·鲍尔接受作者采访。

6. World Economic Forum. Our Mission. www.weforum.org/about/world-economic-forum.

7. Hong Kong Trade Development Council. About HKTDC. aboutus.hktdc.com/en/#global-network.

8. 2018 年 2 月，QQI 的 CEO 里克·科特接受作者采访。

9. Yuan Sun, Irene. The World's Next Great Manufacturing Center. *Harvard Business Review*. May-June 2017. 125.

10. 同上。

11. 2018 年 6 月，丽塔苏西格尔人力资源公司总裁丽塔·苏·西格尔接受作者采访。

12. 2018 年 4 月，Yeh IDeology 创始人兼首席人才战略师安杰拉·叶接受作者采访。

第九章

1. American Lung Association. Tobacco Industry Marketing. www.lung.org/stop-smoking/smoking-facts/tobacco-industry-marketing.html.

2. LaBarre, Suzanne. Co.design joins fastcompany.com. *Fast Company*. fastcompany.com/90180557/co-design-joins-fastcompany-com.

3. 同上。

尼古拉斯·布莱利出版社已尽可能确保发稿时书中所列网址均正确有效。但本书作者及尼古拉斯·布莱利出版社对书中上述网址不承担责任，无法保证网站内容的时效性和恰当性及其链接长期有效。

索 引
Index